KB185715

동남아의 길 위에서

:낮과 밤의
여정

동남아의 길 위에서
:낮과 밤의 여정

2024년 12월 4일 초판 1쇄 인쇄
2024년 12월 11일 초판 1쇄 발행

지은이 | 권학봉
펴낸이 | 이종춘
펴낸곳 | (주)첨단

주소 | 서울시 마포구 양화로 127 (서교동) 첨단빌딩 3층
전화 | 02-338-9151
팩스 | 02-338-9155
인터넷 홈페이지 | www.goldenowl.co.kr
출판등록 | 2000년 2월 15일 제2000-000035호

본부장 | 홍종훈
편집 | 이보슬
교정 | 주경숙
디자인 | 조수빈
전략마케팅 | 구본철, 차정욱, 오영일, 나진호, 강호묵
제작 | 김유석
경영지원 | 이금선, 최미숙

ISBN 978-89-6030-642-4 03980

• BM **황금부엉이**는 (주)첨단의 단행본 출판 브랜드입니다.

동남아의 길 위에서

:낮과 밤의 여정

권학봉 지음

BM 황금부엉이

여행 지도

중국
미얀마
베트남
라오스
태국
캄보디아
7 D
퐁살리
6 D
반본타이
5 D
무앙씽
루앙남타
4 D
9 D
무앙싸이
3 D
2 D
치앙콩
치앙라이
루앙프라방
10 D
파야오
-2 D
1 D
치앙마이
29D
12 D
방비엥
람빵
START
26D
비엔티안
25D
수코타이
13 D
콘깬
14 D
팍세
우본랏차타니
22개 도시 32일 4503.1KM
5번 국경 통과
15D
씨판돈
16D
21D
방콕
17D
캄퐁프라낙
포이펫
씨엠립
19D
뜨랏
꺼창
20D
프놈펜

여행 경로

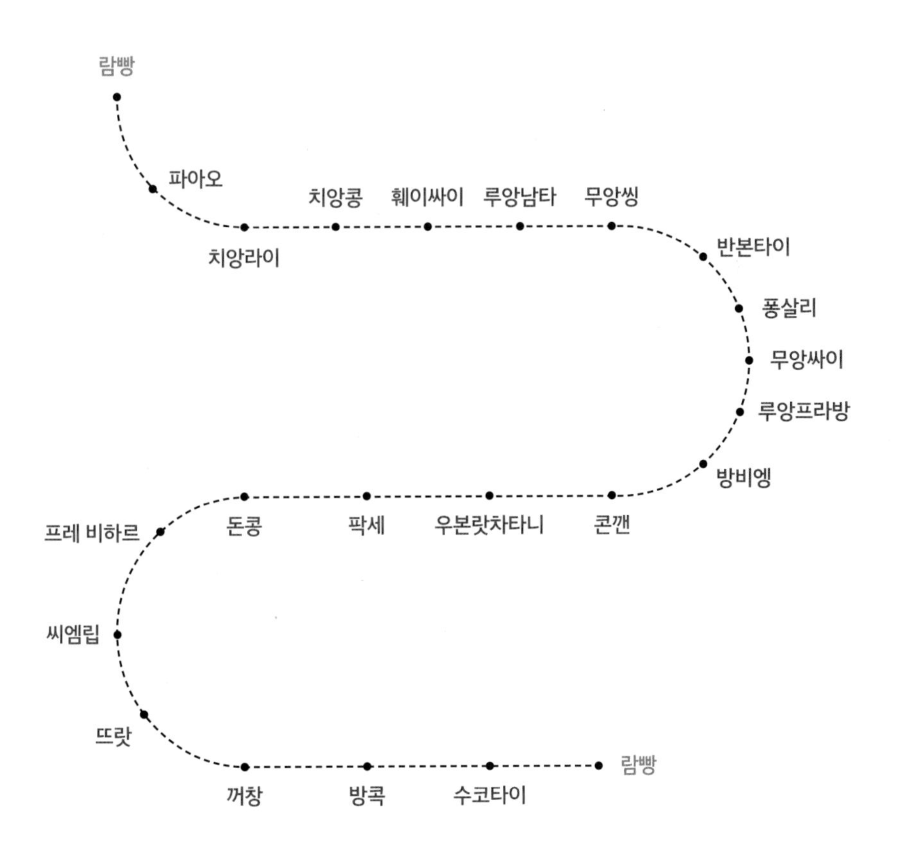

람빵
파아오
치앙콩
훼이싸이
루앙남타
무앙씽
치앙라이
반본타이
퐁살리
무앙싸이
루앙프라방
방비엥
프레 비하르
돈콩
팍세
우본랏차타니
콘깬
씨엠립
뜨랏
람빵
꺼창
방콕
수코타이

저자의 말

삶은 한 치 앞을 예측할 수 없는 일의 연속이다. 계획을 세우고 예상해 보지만, 결국 눈앞의 현실은 우리가 준비한 모든 것을 조용히 무너뜨리기 일쑤다. 여행도 다르지 않다. 떠나기 전엔 세심한 조사와 계획이 전부인 듯하지만, 정작 길 위에서는 예상치 못한 작은 사건들이 쌓여 어느새 계획을 집어삼킨다. 그러나 이런 불확실성이야말로 여행의 본질이다. 우리가 목적지에 도달하기 위해 스치는 곳들과 그 사이에서 우연히 마주하는 사람들, 예상치 못한 풍경이야말로 진짜 여행이다.

일로서 떠나는 여행은 또 다르다. 목적이 정해지고, 그 목적이 모든 여정을 휘감는다. 계획이 없으면 불안하고, 예상된 루트에서 벗어나는 건 더 큰 짐으로 남는다. 그래서 피곤한 '일'이 된다. 사진작가로 살아간다는 것은 때로 경제적 여유가 없더라도 시간만큼은 자유롭다는 장점이 있다. 그 시간을 나누고 기록할 수 있는 자유야말로 이 글을 읽는 여러분이 준 선물이다.

직장에 다니던 시절엔 짧은 여름휴가가 유일한 탈출구였다. 짧은 며칠간의 자유를 붙잡고 먼 곳을 다녀와도 공항에 들어설 때마다 밀려오는 아쉬움은 늘 같았다. 마음속의 여행은 계속 이어지지만, 발걸음은 돌아갈 준비를 해야 했다. 그래서 이런 기록과 시간을 나눌 수 있다는 건 정말 감사한 일이다.

이 글을 통해 함께 떠돌며 숨을 쉬는 모든 순간을 느껴 주었으면 한다. 여행의 길 위에 우리의 작은 발자국들이 남기를, 그리고 그 발자국이 또 다른 여정을 향해 나아가기를 진심으로 바란다.

람빵에서 권학봉

차례

동남아 무계획 여행 1주 차

동남아 무계획 여행 2주 차

동남아 무계획 여행 3주 차

동남아 무계획 여행 4주 차

동남아
무계획 여행

Week 1

DAY 1

롱 웨이 다운 Long way Down

이완 맥그리거의 다큐멘터리 〈롱 웨이 다운〉을 본 사람이라면 누구나 가슴 뛰는 열정을 느낄 것이다. 그는 BMW 오토바이를 타고 스코틀랜드에서 남아프리카 공화국의 케이프타운까지 약 24,000km에 이르는 긴 여정을 떠났다.

나 역시 그의 발자취를 따라가고 싶었다. 하지만 스코틀랜드에서 아프리카로 갈 수는 없으니 내가 사는 태국 람빵에서 출발해 라오스 캄보디아를 거쳐 다시 돌아오는 여정을 생각했다. 뭐, 태국 생활 7년 차에 안 가본 나라는 없으니 가벼운 마음으로 그때그때 일정을 정하기로 마음먹었다. 물론 이 과정에서 계획이 없으면 왠지 불안해하는 동행의 마음까지 살피지는 못했지만 말이다.

출발 전 마지막으로 동행과 함께 토요타 포추너의 브레이크 패드와 브레이크액을 교체해 주었다. 앞쪽 브레이크는 디스크 방식이라 크게 문제 될 게 없었지만, 드럼 브레이크를 사용하는 뒤쪽 브레이크는 굉장히 복잡했다. 살짝 불안했으나 그래도 앞쪽 브레이크가 살아있으니 큰일은 없을 듯했다. 자가 정비를 취미로 하는 내게 '이 정도쯤이야' 하는 마음도 있었다.

치앙라이까지 가는 도중 아무래도 이상한 느낌을 지울 수 없어 확인해 보니 사이드 브레이크가 하늘에 닿을 듯 치솟고 있었다. 근처 정비소에 들러 자초지종을 설명하고 점검을 부탁했다. 살짝 화가 난 듯한 정비사는 이렇게 답했다.

"이거 상당히 잘못 조정되어 있었네요. 많이 고쳤습니다."

동행은 태국어를 아예 모른다. 다행이다.

SCENE

집에서 앞뒤 브레이크 패드를 교체하고,
이왕 하는 김에 DOT 5.1 브레이크액까지 교체해 주었다.
브레이크 밟느라 고생한 동행이다.

태국_람빵_꺼카

SCENE

1번 고속도로에 접어들자 본격적인 여행이 시작되었다.

태국_람빵_응아오

DAY 2

3보 이상 탑승

태국의 브랜디 '리젠시'를 챙기고, 굴러다니던 소주와 라면 등을 트렁크에 대충 넣은 후 출발했다. 그렇게 도착한 곳이 바로 파야오였다. 큰 호수를 끼고 발전한 태국 북부의 도시. 몇 번 와본 곳이지만 그래도 특별한 촬영 일정이나 목적 없이 단순한 여행으로는 처음이다.

출발이 반이라고, 아무튼 출발했으니 이제 여행자의 마음으로 최대한 느긋하게 편안함을 추구하기로 했다. 한국은 대중교통이 발달해 있고, 다들 건강에도 관심이 많아서 웬만한 거리는 걸어 다닌다. 하지만 여기는 3보 이상 탑승이 원칙이다. 걸을 만하게 길이 잘 정비되어 있지 않은 탓도 있지만, 밤이 되면 강도보다 무서운 개떼가 나타나기 때문이다. 비유가 아니라 진짜로 거리의 개들이 걸어 다니는 사람을 노린다.

방콕을 제외하면 태국인은 걸어 다니지 않는다. 누구나 어떤 바퀴라도 올라타고 움직이기 때문에, 걸어 다니는 사람은 상당히 이상하다. 개들도 그것을 잘 알고 있다. 낮에는 더워서 축 늘어져 있다가, 밤이 되면 한두 마리 따라붙기 시작해서 삽시간에 개떼가 된다. 얕봤다가는 물리기 십상인데, 태국 길거리 개 중 넉넉잡아 30~40%는 광견병에 걸려있다고 보면 된다. 결국 병원 신세가 되기 때문에 여행은 물 건너가는 거다.

대략 이 정도 이야기하면 아무리 걷기를 좋아하는 사람이라도 웬만하면 나의 모토인 '3보 이상 탑승'에 적극 동참하게 된다. 물론 동행도 예외가 아니었다. 이래서 독재자들은 공포를 효과적인 통제의 수단으로 사용하나 보다. 배울 점이 많다.

SCENE

통기타로 버스킹하는 태국인을 심심찮게 볼 수 있다.
카메라를 들이대니 더욱 멋진 포즈를 연출해 주었다.

태국_파야오_차이콴로드

SCENE

친구와 해 질 녘 풍경을 감상하는
태국인들을 보며 느긋함을 배운다.

태국_파야오_파야오호수

이번 여행은 대규모 기획팀에서 잘 짜놓은 그런 여정이 아니다. 그냥 동남아 한 바퀴를 돌겠다는 큰 틀만 있고, 세부적인 내용은 하나도 없는 그런 여행을 계획했다. 촬영 여행을 갈 때면 가서 뭘 어떻게 촬영해 올지 대충 머릿속에 그려본다. 그러면 어떤 장비를 가지고 가야 할지도 파악할 수 있다. 이번 여정은 장비가 많아질수록 촬영해야 한다는 부담이 생길 것 같아서 최대한 간편하게 가고자 했다.

메인 카메라는 6,000만 화소로 여전히 135카메라로는 최고 화질을 유지하고 있는 소니 a7R4를 사용하기로 했다. 렌즈는 24-70 정도로 선택했다. 적당하게 두루두루 촬영할 수 있기 때문이다. 24-70은 정말 종류도 많고, 요즘 나온 24-70은 화질도 굉장히 좋다. 이번에는 시그마의 24-70 f2.8 DG DN을 가져가기로 했다. 최근에 II 버전이 새로 나온 걸 알지만, 굳이 새로 사기보다는 있는 걸 그냥 들고 가기로 했다.

전체 일정에 차량을 이용할 거라서 비행기로 이동할 때처럼 무게나 부피를 신경 쓸 필요가 전혀 없었다. 그래도 카메라 하나와 렌즈 하나만 구성하는 게 이번 여행의 취지에 어울린다고 생각했다. 당연히 그에 따른 배터리나 충전기, 메모리카드, 여기에 각종 센서와 렌즈 클리닝 툴을 준비하고, DJI AIR 3 드론도 같이 챙겼다. 마지막으로 언제 쓸지도 모르는 맨프로토 190 삼각대를 하나 접어서 넣었다. 여정 중에 백업도 하고, 사진도 확인해야 하니 당연히 외장하드와 M2 맥북프로 14인치도 하나 추가했다.

이 정도도 직접 메고 다니면 상당히 고생스러운 무게가 된다. 장비가 많으면 많을수록 그때그때 촬영할 수 있는 종류도 늘어나고, 촬영 시 불편함이 줄어드는 건 사실이다. 그렇다고 없으면 아예 촬영을 못하냐 하면, 그건 또 아니다. 어떻게든 임기응변으로 잘 대응하면 가능은 하니까 말이다. 그래서 욕심을 부리기 시작하면 장비로만 차 한 대를 가득 채우는 게 일도 아니게 된다. 항상 비우고 들어내고 포기하면서 최대한 줄여야만 이동할 때 기동성이 확보된다.

SCENE

한 달 동안 사진 촬영을 담당한 메인 카메라의 모습이다.
이 정도면 80% 정도의 상황은 커버할 수 있다.

태국_파야오_파야오호수

SCENE

언제 어디서든 누구나 촬영하는 시대다.
그만큼 사진을 업으로 한다는 것이 어려운 시대이기도 하다.

태국_파야오_나가상

SCENE

공연 때문에 동원된 학생들이 시간을 죽이고 있다.
서성이는 선생님의 긴장된 발걸음과는 달리 학생들은 느긋하다.

태국_파야오_나가상

DAY 3

여행이란 무엇인가

사실 여행이라는 건 관광과는 다르다. 이렇게 단정적으로 말하면 언짢을 사람이 많아서 토를 달자면 최소한 나는 그렇게 생각한다고 해두자. 이 2가지를 구분하기 위해 우선 관광부터 말해보자.

관광이란 누군가가 만들어 놓은 장소 혹은 일반적인 다수가 좋아하는 장소를 둘러보는 행위라고 정의할 수 있다. 그에 수반되는 먹고 자고 등의 문제는 각자의 취향이나 개성에 따라서 얼마든지 조정할 수 있는 그런 둘러보기가 관광의 핵심 정의가 아닐까 한다. 단어 그대로 볼 관觀에 빛 광光 자를 쓰니 말이다.

그렇다면 여행이란 무엇인가. 여행이란 앞서 말한 관광을 뺀 나머지를 하는 것이라고 생각한다. 즉, 목적지에서 무엇을 볼 것인지에 방점을 두면 관광이고, 집을 떠나 멀리서 휴식이나 여가를 보내면서 자연스럽게 현지의 문화나 풍습, 혹은 문물 따위를 경험하는 것이 여행이다.

여행을 떠나기로 했으므로 우리는 볼거리에 초점을 두지 않고, 라오스와 캄보디아를 거쳐 한 바퀴 돌아보는 식으로만 계획을 짰다. 나머지는 그때그때 마음 내키는 대로 둘러보면 되니까. 대신 현지의 문화를 체험하기 위해 40대 아저씨들이 가장 잘할 수 있는 것을 했다.

술집에 앉아 현지의 술을 홀짝거리면서 쓸데없는 농담이나 주고받는 그런 시간 말이다. 사실 이번 여행에서 가장 값진 경험은 느긋하게 한잔하면서 동남아를 둘러보았다는 것이다. 훌륭한 인테리어로 꾸민 럭셔리한 곳부터 간판도 없는 허름한 곳까지. 사실 술을 마시면 크게 다르지 않다. 어디에도 그 나름의 분위기가 있었다.

SCENE

행사가 있는지 전통공연 준비에 정신없는 학생들과 선생들이
호숫가에 모여있었다.

태국_파야오_나가상 앞

SCENE

좀 더 본격적인 라이브 바로 옮겼다.
태국의 술집은 어디를 가나 적당한 수준 이상은 한다.

태국_파야오_슬럼바

DAY 4

컬러 사원

치앙라이는 컬러 사원 열풍에 휩싸여 있다. 특별하고 재미있는 것에 열광하는 태국인들과 옛 문화의 한 자락을 느끼고 싶은 외국인들의 바람이 한데 어우러진 결과이기도 하다. 사실 이러한 열풍에는 한 예술가의 광기에 가까운 집념이 있었다.

치앙라이 남쪽에는 우리나라에서 흔히 '백색사원'이라고 부르는 하얀색 사원이 있다. 사실 이곳은 처음부터 정식 사원은 아니었다. '찰름차이'라는 태국의 화가가 어느 날 꿈속에서 돌아가신 어머니를 만났다. 어머니는 아들에게, 자신이 고생하고 있으니 가능하면 부처님께 공양을 올려달라고 간곡히 부탁했다. 아들은 돌아가신 어머니를 돕고자 일종의 탐분(공양)으로 이 사원을 만들었다.

처음에는 자그마한 본당 정도만 지었고, 거기에 본인의 장기인 예술적인 감각을 더해 작지만 깊은 인상을 주는 그런 소박한 모습이었다고 한다. 그러다가 나 같은 사진작가들이 방문하면서 더 그럴듯한 사진을 만들어냈고, 그 사진에 낚인 외국인들과 내국인들이 하나둘 방문하다 보니 돈이 모였다. 찰름차이는 그 돈으로 원래 짓고 싶었던 사원을 본격적으로 만들기 시작했는데, 점차 주변에 호텔이나 식당, 기념품 가게가 가득 차게 되었다. 이런 변화들이 근 15년 동안 일어나서 지금은 어떤 가이드북이나 여행 정보지를 펼쳐도 치앙라이를 대표하는 관광지가 되었다.

사실 그의 작품을 보면 불교에 기반한 종교적인 색채가 깊게 배어있다. 하지만 완전히 전통적인 기법에만 몰두한 게 아니라 현대 미술로서 세련된 작품을 그려내고 있다. 개인의 취향과 집념, 그리고 작은 성과를 내고 더 큰 자본으로 본격적인 개발에 뛰어든 점 같은 과정들이 매우 '태국스러운' 전개라고 생각한다.

이런 성공은, 보수적인 불교 종파에서도 이제는 거부할 수 없는 하나의 비즈니스 모델이 되었다고 할 수 있다. 찰름차이 이야기가 사실이든, 후에 덧붙여진 것이든 상관없이 멋진 스토리텔링이 아닐 수 없다. 본인도 인터뷰 등을 통해 여러 번 이야기했으니 마음에 드는 이야기인 것은 분명해 보인다. 이런 마케팅을 뭐라고 하는 것 같은데, 나도 좀 배워야겠다.

SCENE

관광객을 기다리는 치앙라이
뚝뚝 아저씨의 눈빛이 강렬하다.
태국어를 조금만 해도 볼 것 없다는 듯
이내 관심을 거둔다.

태국_치앙라이_청색사원

SCENE

청색사원 유리구슬을 통해 본 풍경 속에는
즐거워하는 관광객의 모습이 가득했다.

태국_치앙라이_청색사원

DAY 4

야시장

태국도 다른 동남아 국가들처럼 야시장이 발달했다. 낮에는 일해야 한다는 것도 이유지만, 40도가 넘는 날씨 탓이 크다. 특히 지자체가 발 벗고 나서서 만든 것이 관광객을 위한 야시장이다. 처음에는 외국인을 위한 것이었지만, 지금은 여행을 좋아하는 태국인도 상당히 많이 온다.

태국에 놀러 와서 이 광경을 본다면 상당히 신나는 나라처럼 보일 수도 있다. 하지만 살아보면 태국만큼 할 게 없는 나라도 없다. 낚시나 자전거, 등산 같은 혼자서 놀 수 있는 취미라면 몰라도 축구, 탁구, 족구처럼 -여기에선 '세팍타크로'라고 불리지만- 함께 하는 여가 활동은 드물다.

날씨도 덥고 비도 자주 오기 때문에, 태국인의 삶은 놀랍도록 단순한 일과의 반복이다. 가장 널리 퍼진 취미생활이 정원 가꾸기다. 해당 분야 잡지도 많이 발행되고, TV에서도 굉장히 비중 있게 다루는 인기 프로그램이다. 뒤뜰이나 앞마당을 예쁘게 꾸미는 것이, 어쩌면 태국에서 할 수 있는 가장 이상적인 취미활동인지도 모르겠다.

사계절도 없어서 눈보라를 뚫고 출근한다거나, 발목까지 잠기는 물바다를 건너 집에 돌아오는 스펙터클한 장면도 없다. 물론 홍수가 자주 발생하는 지역은 있지만, 매년 비슷한 시기에 찾아오는 철새처럼 일상적인 일이라 예외로 친다. 때가 되면 해가 뜨고, 때가 되면 비가 오고, 때가 되면 개미떼가 하늘을 덮는다.

인터넷을 이용한 스마트 시계처럼 정확하지는 않지만 적어도 괘종시계 정도는 된다. 가끔 시계태엽을 감아 놓지 않을 때도 있지만 금세 알아차리고 일상의 루틴으로 돌아온다. 그래서 그런지 모든 도시의 관광용 야시장은 똑같은 음식, 똑같은 공연, 똑같은 맥주를 판다. 20년 전에도 그랬고, 10년 전에도 그랬다. 그리고 지금도 그렇다.

다만 공연 레퍼토리에 한복을 입고, 부채춤을 추는 코너가 추가되었다. 이럴 때면 한국인으로서 묘한 느낌을 받는다. 물론 공연하는 출연사 모두가 여장남자 즉 '끼디이'라는 사실은 알 만한 사람은 모두 다 알 것이다. 한국 같으면 뉴스가 되고 100분 토론이 열려도 이상할 게 없지만, 태국은 모든 게 일상처럼 당연하고 순조롭게 흘러간다.

SCENE

부채춤 공연을 위해 한복과 부채를 준비하고 있는
무대 뒤 풍경이다.

태국_치앙라이_나이트바자

DAY 4

캐리커처 화가

시장 한쪽에서 캐리커처를 그려주는 사람을 만났다. 참새가 방앗간을 그냥 지나칠 수 없어서 동행에게 기념으로 하나 그려가라고 했다. 한국인이라면 이런 상황에서 100% 거절하는 게 당연하므로 내가 앉았다.

태국인 아저씨는 종이를 사용하지 않고 MDF 합판에다 마커를 이용해서 그렸다. 마커를 써본 사람은 알겠지만, 속도가 상당히 빠른 대신 수정이 매우 힘들기 때문에 한 번에 그려내야 하는 것이 관건이다. 그래도 걸어놓은 샘플을 보니까 제대로 그림을 배운 아저씨가 틀림없다. 아마 자기 작품을 하면서 돈벌이로 저녁에 시장에 나오는 것 같았다.

흔히 미대에 다닌다고 하면 가장 쉽게 떠올리는 '알바'가 바로 그림 그려주기일 것이다. 사실 해보면 손님을 모으는 게 여간 힘든 것이 아니다. 특히 한국 사람은 그림에 조금이라도 못생긴 부분이 있으면 참지 못한다. 그것까지 생각해 좀 더 미화해서 그리는 것이 포인트다.

그리는 방법도 중요한데, 연필이 가장 쉽기는 하지만 어두운 부분을 채우기엔 시간이 너무 오래 걸린다. 수채화도 좋지만 빠르게 그려야 해서 말릴 시간이 없는 것이 문제다. 가장 만만한 게 사인펜이나 마커 종류인데, 이건 또 너무 만화 같은 느낌이 든다.

사람을 그릴 때는 특징을 과장해서 우스꽝스럽게 표현하는 방법과 필터 씌운 듯이 좀 더 미화하는 방법이 있는데, 이 아저씨는 후자 스타일이었다. 동행은 그게 마음에 안 드는지 계속해서 닮지 않았다고 '꿥'을 주는데, 그림 그리는 아저씨가 못 알아들어서 다행이었다. 그런 건 별로 중요하지 않다. 사실 그림은 내가 더 잘 그린다. 정말이다.

SCENE

작가의 인상만큼이나 둥글둥글하게 캐리커처를
적당히 미화해서 그려준다.

태국_치앙라이_나이트바자

DAY 4

쁠라닌 이야기

태국 전역에서 흔히 먹는 물고기 중 하나인 '쁠라닌'은 바다가 먼 내륙 지방일수록 인기가 많다. 태국어로 '쁠라'는 물고기라는 말이고, '닌'은 이름이다. 사실 영어로는 'Nil 닐'이지만 태국인은 ㄹ 받침을 발음하지 못하기 때문에 '닌'이라고 한다. 그래서 서울도 '손'이라고 부르고, 계이름도 '도레미파손라시도'다.

아무튼 영어로는 '틸라피아 Tilapia'라고 하고, 학명으로는 '나일틸라피아 *Oreochromis niloticus*'다. 국내 뷔페에서 도미 초밥 같은 걸 만들 때 쁠라닌을 사용하는 걸 보고 충격받은 적이 있다. 생으로 먹어서 그렇지 익혀 먹으면 전혀 문제없다. 오히려 맛은 상당히 좋은 편으로 유럽과 미국에서도 많이 먹는다.

이 물고기는 현재 태국에서 가장 많이 팔리고 수출도 하는 아주 중요한 내륙 양식 어종으로 당당히 이름을 올리고 있다. 원래는 아프리카 나일강에서 서식하던 물고기였는데, 이게 일본으로 넘어가서 많이 양식되었다고 한다. 1960년대 우리가 아는 아키히토 일왕이 태국의 라마 9세 푸미폰 아둔야뎃에게 한번 키워보라고 50여 마리를 선물했다. 라마 9세는 원래부터 여러 분야에 호기심이 많았고, 태국 국민을 생각하는 마음도 각별해서 그냥 넘어가지 않았다.

왕실에 연못을 만들고 50여 마리의 첫 번째 쁘라닌을 직접 양식하면서 관찰했다. 용존 산소량을 높이는 경제적인 수차도 발명해 누구나 사용할 수 있도록 특허도 풀어주었다. 이렇게 정성과 관심을 들여 키우다 보니 태국에 아주 딱 맞는 물고기라는 것도 알아냈다. 초식, 육식 가리지 않고 아무거나 잘 먹고, 탁하고 오염된 물에서도 잘 자라며, 덩치도 꽤 컸다. 그래서 태국 전역으로 퍼져나가는 데 얼마 걸리지 않았다고 한다.

지금도 태국 왕실 연못에는 아키히토가 선물한 순종 쁘라닌이 있다고 한다. 무려 국왕이 애지중지하는 물고기라니, 담당자의 부담감이 얼마나 클지 상상도 하지 못할 것 같다. 그나마 다행인 건 한두 마리 죽어도 빨리 건져내 감추기만 하면 티가 나지 않는다는 점이다. 죽은 물고기를 몰래 버리다가 들키면? 생각만 해도 끔찍하다.

중국인 관광객에게 열심히 각종 튀김을
설명하고 있는 야시장의 한 식당 주인장이다.

태국_치앙라이_나이트바자

SCENE

워낙 바다 생선을 많이 먹는 한국인에게는
좀 부족할지 몰라도 생각보다 맛있다.
태국의 '국민 민물 생선인 쁠라닌 소금구이다.

태국_치앙라이_나이트바자

DAY 4

꺼터이

성소수자 인권은 태국이 동남아 그 어디보다 높다고 할 수 있다. 일부 정치적 성향에 따라서 잘못되었다고 말하는 사람도 있지만 적어도 나는 이 부분에서만큼은 선진국이 아닌가 생각한다.

왜 태국에 성소수자가 많은지에 관한 다양한 '썰'들과 학설들이 존재하지만 그 어느 하나 분명하진 않다. 일부 가이드들이 우스갯소리 삼아 하는 말을 들어보면, '버미'와의 전쟁에 아들이 끌려가지 않게 하려고 여장으로 감추었는데, 이게 시초가 되어 많아졌다고 한다. 그럴듯하게 들린다. 하지만 곰곰이 생각해 보면 고려 시대 원 간섭기의 조혼 풍습을 살짝 컨버전 했다는 게 분명해 보인다.

또 다른 설은 태국인들이 근대에 들어서면서부터 너무 많은 비닐봉지를 사용했기 때문에 환경호르몬 같은 것의 영향으로 성소수자가 많이 발생했다는 것이다. 태국을 여행해 본 사람이라면 알겠지만, 콜라 같은 음료나 뜨거운 밥도 비닐봉지에 포장해서 파는 건 사실이다. 하지만 역시 확실하진 않다. 하나 분명한 건 태국에서는 그렇게까지 감출 필요가 없어서 눈에 잘 띈다는 것이다. 엔터테인먼트나 미용, 관광 서비스 등 관광객 눈에도 자주 보이기 때문에 더 많아 보이기도 한다.

이야기를 들어보면 대체로 사춘기 시절부터 정체성에 대한 고민이 시작되고, 빠르면 초등학생 때부터 성소수자로 살아갈 결심을 하는 경우도 있다. 흔히 아는 것과 달리 태국의 부모도 자식이 성소수자가 되는 것을 반기지는 않는다. 나름 다양한 노력도 해보고, 여러 가지 묘수를 짜보기도 한다. 그래도 안 되면 불교적인 마인드로 포기하고 받아들이는 것이다.

여기 치앙라이 청색사원에서 만난 학생도 '꺼터이'인 것을 숨기지 않았다. 합장 인사하는 마네킹 로봇의 머릿결이 마음에 들지 않았는지 가방에서 빗을 꺼내 가지런히 빗겨주는 그런 학생이다. 친구 관계도 좋아 보이고, 선생님이 특별대우를 하는 것 같지도 않다.

그렇다고 태국의 모든 성소수자가 이 학생 같은 심성을 가졌다고는 못한다. 마치 '모든 한국 사람은 착하다'라고 말할 수 없는 것과 같다. 그 사람의 젠더가 어떻든 사람은 다양하며, 일정 이상의 규모가 되면 좋은 사람, 보통인 사람, 나쁜 사람의 비율은 비슷해진다.

SCENE ____________

수학여행을 온 어린 꺼테이 학생이 합장 인사하는 자동인형의
머리를 빗겨주고 있다. 남다른 감각이라고 생각한다.

태국_치앙라이_청색사원

SCENE ____________

선생님과 친구들이 모여들어서 다 같이 기념사진을 촬영했다.
더운 날씨인데도 다들 긴팔이다.

태국_치앙라이_청색사원

DAY 4

태국의 클럽

태국은 클럽이 잘 발달해 있다. 한국과 달리 거의 모든 클럽에 나이 제약이 없다. 자세히 보면 10대 후반부터 50, 60대도 간간이 섞여 있는 게 태국 클럽이다. 방콕 카오산의 '옥토퍼스'라는 클럽을 시작으로 20대부터 30대 초반까지 정말로 클럽에 자주 갔었다. 식당과 클럽 말고는 딱히 갈 데가 없는 것이 가장 큰 이유인데, 심지어 비싸지도 않다. 남녀 만남의 장이 되는 건 전 세계 공통이니 차치하고도 말이다.

우리는 이런저런 이야기와 농담을 주고받는 것이 술을 마시는 이유다. 하지만 태국인은 술 마실 때도 그다지 대화를 많이 하지 않는다. 우리처럼 일단 앉으면 근황부터 물어보는 것을 시작으로, 조금 앞뒤가 안 맞으면 다시 묻고 대답하는 게 아니다. 태국인에게는 상당히 부담되는 일이기 때문이다.

태국인이 생각하는 좋은 사람이란 브랜드 로고가 있는 옷을 잘 차려입고, 얼굴에는 항상 미소를 띠면서 긍정적인 대답만 하는 사람이다. 영혼을 함께 나눈 절친이 아닌 한 모든 태국인은 이런 좋은 사람 흉내를 낸다. 물론 사람마다 편차는 있겠지만, 관심을 가지고 자세히 물어보는 건 태국에서라면 미움받는 일이다. 태국의 클럽은 대화가 거의 불가능해서 오히려 편한 분위기일 것이다. 나야 이제는 너무 큰 소음이 불편하지만, 젊은 친구들이야 그런 것쯤은 아무것도 아닐 테니까.

독일 친구와 촬영차 소수민족이 사는 마을에 일주일 정도 머물렀던 적이 있다. 이때 우리를 도와주던 초등학교 교사가 있었다. 독일 친구는 저녁이라도 대접하고 싶어서 우리가 묵고 있는 구멍가게에 부탁해 자리를 마련했다.

독일인의 정서상 이런저런 근황을 묻고 대화가 끊이지 않게 유지하는 게 매너 있고 교양 있는 자세였을 것이다. 다만 웬만해서는 입을 다물고 옅은 미소를 지으면서 다소곳이 앉아 있는 것이, 예의의 기본인 태국인하고는 맞지 않았다.

호구조사를 비롯해 오만 가지 질문을 해도 미소와 함께 돌아오는 단답형 대답에 당황하고, 더 이상 물을 것도 없는데 질문을 짜내려고 식은땀을 흘리는 독일인, 자꾸 물어보는 것이 너무나 불편하지만 애써 미소를 잃지 않으려는 태국인, 이미 다 경험한 탓에 느긋하게 둘의 공방을 즐기는 한국인이 한자리에 있었다.

SCENE

'따완댕'은 '붉은 태양'이라는 말인데, 유명한 프랜차이즈 클럽이다.
직장인이나 나이가 조금 있는 사람들이 매우 좋아한다.

태국_치앙라이_따완댕

SCENE ___________

주로 힙합을 틀어놓고 DJ들이 각종 퍼포먼스를 하는
영타이의 분위기는 좀 더 젊다.

태국_치앙라이_답 힙합 클럽

DAY 5

국경마을 치앙콩

치앙콩은 라오스 국경도시 훼이싸이를 마주 보는 전통적인 국경마을이다. 치앙센처럼 3국의 국경을 마주한 관광지와는 조금 다르게 현지 분위기가 물씬 나는 메콩강변의 마을이다. 예전에는 다리가 없어 모든 여행자가 여기서 보트를 타고 라오스를 건너갔었다. 물론 태국인이나 라오스인은, 우리로 치면 주민등록증 같은 것만 있으면 왕복할 수 있는 그런 평화로운 분위기다. 지금도 옛 국경 선착장에 가면 배를 타고 라오스로 건너갈 수는 있지만, 여권에 도장을 찍지 못하기 때문에 불법 출입국이 된다.

여러 번 와본 곳이지만 최근 메콩강 상류 중국에 건설된 대규모 댐의 영향인지 수위가 정말 많이 줄었다. 예전에는 물속에 떠 있는 돌섬 사원이었던 곳이 이제는 육교가 놓인 강변이 되었으니 말이다. 멀리 비엔티안이나 농카이까지 오가던 화물선과 여객선도 많았으나, 이제는 관광객을 위한 슬로 보트만 몇 대 남은 듯했다. 아마 수위가 많이 줄어 물속 바위에 부딪히거나 하는 등의 어려움이 있었을 것이다.

용감한 여행자는 여기서 비엔티안까지 슬로 보트를 이용하기도 하는데, 빠르면 3일 늦으면 4, 5일까지 걸리는 여정이다. 다른 건 다 용서해도 미칠 듯한 지루함과 싸워야 하기 때문에 한 번 타본 사람은 있어도 두 번 탄 사람은 없다는 유명한 코스다. 그런 이유로 나는 슬로 보트를 타지 않는다. 인생에 한 번으로 충분했다.

다음 날 우정의 다리를 건너 라오스로 넘어갔다. 가장 시급한 게 차량 보험 가입 문제였는데, 국경에 즐비하던 보험사 천막이 사라져 훼이싸이 시내를 헤매야만 했다. 길을 잘 모르는 여행자를 노리는 경찰의 덫에 걸려 건너가자마자 세금을 헌납하고서야 겨우 보험에 가입할 수 있었다. 보험료는 상상 이상으로 저렴했는데 15일짜리가 우리 돈으로 5, 6만 원이었다. 물론 이 보험이 뭔가 대단한 보장을 해주리라고는 생각하지 않지만, 없으면 경찰이 꼬투리를 잡아서 괴롭힐 게 뻔했다.

SCENE

낮아진 수위로 고수부지가 된 풍경을 보니까 조금은 씁쓸해지는
치앙콩 앞 메콩강의 모습이다.

태국_치앙라이_메콩강

SCENE

동네 꼬마가 자전거를 타고 잘 정비된 강변도로에서
시간을 보내고 있다.

태국_치앙라이_라비앙 림콩

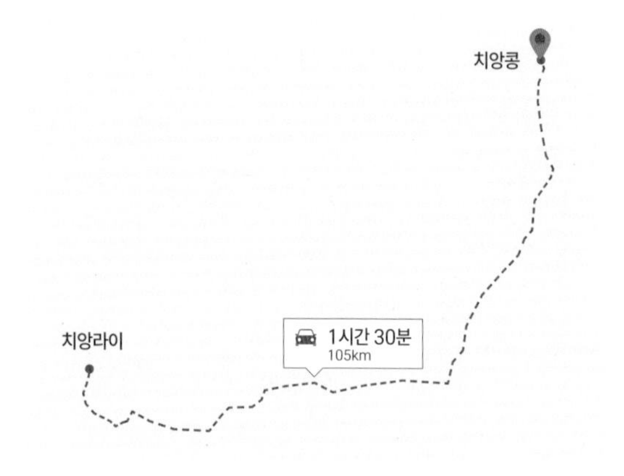

DAY 6

짝퉁 모토롤라 무전기

의심을 먼저 했어야 했다. 무전기 2개에 우리 돈으로 2만 원도 안 하기에 사봤는데 그럭저럭 잘 되는 게 아닌가. 그래서 아무런 의심 없이 이번 여행에 사용했다. 문제는 얼마 가지 않아 발견됐는데 배터리 충전이 되지 않았다. 미리 사두었던 새 배터리로 갈아 끼워도 하루 이틀이면 똑같은 문제가 발생했다. 이때까지도 무전기에 써진 모토로라 로고를 믿고 있었기 때문에 단순히 배터리 문제라고 생각했다.

치앙콩은 생각보다 작은 도시라 배터리를 살 수 있을지 몰랐다. 배터리는 예전 휴대폰에서 썼던 것과 똑같은 타입이었는데, 아마 한국에서 구하려고 했다면 불가능했을 것이다. 그러나 이런 작은 동네에서는 아직도 구형 피처폰을 많이 사용하는지 운 좋게도 호환되는 배터리를 발견할 수 있었다. 판매하는 아저씨도 물건을 팔아서 행복한지, 아니면 우리가 찾는 물건을 찾아서 기쁜 것인지는 모르겠지만 함께 웃어 주었다. 예비 전력까지 배터리 2개를 구매하니 라오스로 넘어갈 수 있을 것 같아서 든든했다.

스마트폰이 이렇게 잘 되는데 무슨 무전기가 필요하냐고 생각할 수 있지만, 팀이나 그룹으로 여행하다 보면 무전기가 상당히 편하다는 걸 금방 알 수 있다. 간단한 메시지를 전달하려면 폰을 열고 앱을 실행한 후 입력하거나 전화번호를 찾아 걸어야 한다. 하지만 무전기는 바로 말만 하면 된다. 응답이 없으면 못 들은 거고, 있으면 알아들은 거라는 아주 단순한 도구라 편하다.

배터리를 사서 나오니 손자와 산책하는 치앙콩 주민도 웃어 주었다. 나중에 안 것이지만 모토로라 홈페이지에는 없는 모델이었다. 처음부터 끝까지 상표를 모토로라로 붙인 중국산 무전기 때문에 여간 성가신 게 아니었다. 만들 거면 좀 잘 만들자.

SCENE

휴대폰 가게에서 운 좋게 딱 맞는 배터리를 발견하고 주인장과 기념 촬영을 했다.

태국_치앙라이_치앙콩 시내

SCENE

손녀를 유모차에 태우고 산책을 다녀온 할머니의 미소가 환하다.

태국_치앙라이_치앙콩 시내

DAY 6

잔칫집 기웃거리기

루앙남타는 라오스 북부 교통의 중심지라고 할 수 있다. 서쪽으로 가면 태국으로 국경이 이어지고, 북쪽 무앙씽으로는 중국과 국경을 잇는 곳이라서 작은 마을이지만 활기차다. 저녁때쯤 도착한 우리는 오랜만에 보는 교통체증 비슷한 걸 겪으면서 드디어 목적지에 도착했다는 느낌을 받았다.

숙소를 정하고 저녁을 먹으러 나오니 한쪽에서 요란한 소리와 함께 잔치가 벌어졌다. 대충 눈칫밥을 굴려보니 부잣집 결혼식이 아닐까 싶었다. 물어보니까 '참파'라고 하는 커피숍 겸 호텔 겸 식당의 오프닝 행사라고 한다. 건물도 으리으리하고, 중심가 사거리에 떡하니 있는 걸 보니 루앙남타 부잣집인 게 틀림없었다.

참파는 사실 라오스의 국화이기도 한데, 태국에서는 '리라와디'라고 부르는 나무에 피는 꽃이다. 연중 꽃을 피우는데 정원수로 아주 인기가 많아서 동남아를 여행하다 보면 어렵지 않게 만날 수 있다.

동행의 눈치를 보니 잔칫상을 체험해 보고 싶어 하는 것 같았다. 하지만 나는 대충 이런 잔칫상에 등장하는 요리가 뭔지 어떤 건지 잘 알고 있어서, "정말 여기 앉아서 먹고 싶어요?"라고 여러 번 물어보았다. 다 알지만 일하는 친구를 붙잡아 앉아서 먹어도 되냐고 물어도 보고, 최대한 시간을 끌었지만 동행의 의지는 확고했다.

체면이 있으니 안 해도 되는 부조도 하고 젊은 은행원 가족과 합석했다. 뻔한 잔칫상 메뉴에 뻔한 라오비어가 있는 뻔한 잔칫상이었지만, 즐거워하는 동행을 보니 앉길 잘했다는 생각이 들었다. 은행원 가족의 환대에 여러 번 맥주잔을 기울이니 진짜로 즐거운 잔칫상이 되었다.

SCENE

루앙남타에서 아마도 가장 세련된 식당 겸 카페가 아닐까 생각한다.
돌아올 때 들려서 점심도 먹어봤다.

라오스_루앙남타_참파 카페

SCENE

주인장의 가족이나 친척으로 보이는 숙녀들이 손님을 맞이하는 역할을 맡은 것 같다.

라오스_루앙남타_참파 카페

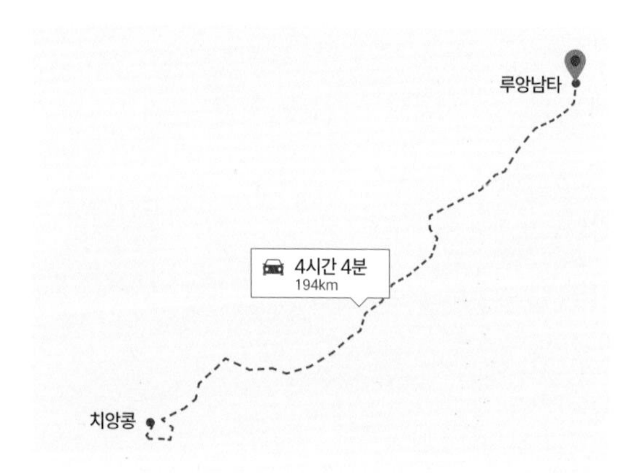

DAY 7

들썩이는 무앙씽

무앙씽에 처음 왔을 때는 아내 차인 90년대 토요타 코롤라를 타고 왔었다. 그때는 겨울이라 무앙씽이 제법 쌀쌀했었다. 아침이면 안개가 자욱해서 10시~11시까지는 습하고 우울한 분위기가 이어졌다. 이번에는 낮에 도착해서 그런지 동네 분위기기가 심상치 않았다.

호텔도 새로 생긴 게 몇 개는 더 있는 것 같았고, 하나같이 만실로 방이 없는 것도 이상했다. 더불어 온 동네 꼬꼬마들이 다 거리로 뛰어나와 오토바이를 몰고 떼 지어 다니는 게 내가 알던 무앙씽 분위기와는 사뭇 달랐다. 시간이 좀 흘렀으니 그럴 수도 있다고 생각하며 넘어갔다.

오후가 되어서야 '뭔가 대단한 행사를 하는구나'라고 깨달았다. 세계 여성의 날을 맞아 축제를 벌이는 중이었다. 나중에 좀 더 찾아보니까 구 공산권 국가인 체코나 소련 등에서 시작된 행사였다. 그래서 그런지 크게 기념하는 나라는 주로 공산권을 겪었거나 지금도 사회주의 노선을 따르는 그런 나라들이 많았다. 한국은 수많은 무슨무슨 날 중 하나일 뿐 크게 기념하지 않기 때문에 나도 그렇고 동행도 전혀 몰랐다.

라오스는 공산 정권을 경험했고, 현재도 '라오스 인민민주공화국'이라는 이름 아래 1975년부터 공산 정부가 이어져 오고 있다. 하지만 공산 정부의 핵심 가치인 평등은 이름뿐인 상황이다. 그런데도 공식적으로는 여전히 인민민주공화국이라서 세계 여성의 날을 크게 기념하는 듯하다.

무앙씽 규모를 생각하면 정말 많은 사람이 축제의 현장에 나왔다는 걸 알 수 있었다. 인터넷과 연결된 방송을 제외하면 오락거리가 별로 없어서 이해하지 못할 일도 아니지만 말이다. 아마 이때의 모습을 기억하는 여행자라면 평범한 일상의 무앙씽은 완전히 다른 마을처럼 보일 것 같다.

SCENE

공연장 입구에서 돈을 받는 사람이 손목에 도장을 찍어주고 있다.
생각보다는 질서정연한 모습에 놀랐다.

라오스_무앙씽_축구장

SCENE

본격적인 공연이 시작되고 각자의 방식대로 즐기는 무앙씽 사람들,
자기네들 전통 무용공연인데 인기가 높았다.

라오스_무앙씽_축구장

DAY 7

무앙씽 맛집

무앙씽은 생각보다 계획된 도시로 격자구조로 되어 있다. 그래서 골목이 다 비슷하고 거기가 거기인 것 같은 느낌의 마을인데, 늦은 점심을 먹으려고 식당을 찾고 있었다. 구글맵에 있는 정보를 바탕으로 몇 군데 보고 있었는데, 골목 바깥부터 오토바이와 차량이 즐비한 게 '이곳이 맛집'이라고 말하는 듯한 가게가 나타났다.

늦은 점심시간이었는데도 무앙씽 사람들을 다 끌어모은 것처럼 식당이 야단법석이었다. 메뉴판도 없어서 대충 주변을 둘러보고서야 삼겹살집이라는 걸 알았다.

대충 이 정도 정보만 있으면 충분하다. 삼겹살이면 먹을 수 있는 거고, 식당의 인기를 봤을 때 절대 실패할 이유가 없는 그런 곳이라고 생각하고 자리를 잡았다. 손짓 발짓으로 돼지고기 비슷한 걸 시킬 수 있었는데, 태국으로 치면 무까타 식당이다. 불판은 가운데가 볼록하게 솟아있고 주변으로 육수를 부어서 한 번에 구워도 먹고 삶아도 먹는 시스템이다.

사실 한국 사람은 다신 안 올 그런 식당이긴 하다. 맛의 문제가 아니라 굽는 게 속 터지기 때문인데 볼록한 부분에 고기 한두 점만 올리면 꽉 찼고, 다 구워질 때쯤이면 육수에 빠지는 일이 태반이었다. 인내심 깊은 우리 엄마도 성질나서 못 먹겠다고 할 만한 그런 불판이었다.

하지만 여긴 무앙씽이다. 가장 잘나가는 식당에 왔으니 불만은 접어두고, 열심히 고기를 구워서 비어라오와 함께 거하게 한 상 챙겨 먹었다. 여행 중 처음으로 낮술을 한 셈인데, 앞자리 할머니가 미소를 머금고 계속 쳐다보신다. 외국인을 처음 봐서 그럴 거라고 생각하고, 사진도 한 장 찍어 드렸다. 무앙씽도 빠르게 변하는 것 같다. 이 정도 식당이 생긴 걸 보면 이제 곧 대도시가 될 것 같은 기분이 들었다.

SCENE

흐뭇한 미소로 시종일관 우리를 바라보시는 할머니,
뭔가 할 말이 있으신 것 같은데 태국어가 잘 통하지 않아 포기했다.

라오스_무앙씽_바이타이 식당

SCENE

식당 이름은 사실 태국식 고기구이 식당이라는 말이다.
태국에서는 이상하게도 한국식 돼지고기 식당이라고도 하는데,
보통은 '무까타'라고 돼지고기 구이 식당 정도로 생각하면 된다.

라오스_무앙씽_바이타이 식당

DAY 7

우리의 발 포추너

이쯤에서 우리가 타고 다니던 차량을 한 번 소개하고 넘어갈까 한다. 토요타에서 만드는 하드 SUV 차량인 포추너 Fortuner인데, 이름부터 '촌빨 날리는' 모델이 아닐 수 없다. 전 세계적으로 판매되는 건 아니고 일부 국가에서만 판매되는 지역 모델이다. 현대에서 인도 및 주변국 전용으로 만드는 모델이 있듯이 토요타에서도 그렇게 만든 모델이다.

유명한 하이럭스 픽업트럭을 베이스로 SUV 모델로 개조한 것이라 실내 인테리어 및 엔진, 변속기 등 많은 부품을 공유한다. 프레임보디를 트럭 베이스로 만들었기 때문에 분류상으로는 하드 SUV에 속하고, 굳이 우리나라에 있는 모델과 비교하자면 모하비와 비슷한 포지션이라고 할 수 있다. 오프로드 주파 성능은 태국의 배추장사 아저씨들이 증명했듯이 부족함 없는 험로 전용 모델이라고 생각하면 된다.

승차감은 우리나라 사람이 타본다면 이거야말로 경운기가 따로 없다고 할 것이다. 달고 있는 1KD-FTV 엔진은 진동과 노이즈로 악명이 자자하고, 변속기는 4단을 고집하고 있으니 포터보다 승차감이 좋지 않다. 핸들도 트럭처럼 좌우로 한 바퀴가 더 돌아가기 때문에 처음 운전하면 어색함을 감출 수가 없다. 붙어 있는 편의 기능이 없어서 고장 날 건더기도 별로 없다. 대충 불에 타는 기름 비슷한 것만 넣어줘도 웬만하면 잘 가는 그런 차량이다.

회사 다닐 때 완성차 업계에 발 담근 적이 있어서 '원가절감'이 어떻게 진행되는지 잘 안다. 그런데도 토요타 차량을 뜯어보면 정말로 원가절감 수준에 깜짝 놀랄 정도다. 회사에서야 칭찬을 아끼지 않을 테지만, 타는 사람은 손해 본다는 느낌을 지울 수가 없다.

예를 들어 도어 패널을 뜯어보면 철판과 내부 플라스틱 사이에 있는 구멍을 메꿔야 한다. 한국 차량은 그래도 플라스틱 부품을 제작해서 딱 맞게 끼워 넣는 방식이다. 하지만 토요타는 비닐에 본드 발라서 붙이고 끝이다. 어떻게 세계 1위 기업이 되었는지 알 수 있는 부분이다.

SCENE ___________

싼타페 정도 크기의 3000cc 디젤엔진의 토요타 포추너다.

라오스_무앙씽_중앙시장

SCENE ___________

태국 차량은 앞뒤로 T 스티커를 달고 다녀야 입국이 가능하다.
그래서 그런지 경찰이 이 마크를 보면 반드시 세운다.

라오스_씨판돈_돈콩

DAY 7

축제의 현장

무앙씽은 주변 소수민족들이 사는 마을의 중심지다. 그렇다고 대단한 뭔가가 있는 건 아니지만 여관도 있고, 가게들도 많다. 아무튼 이 지역에서 가장 인구수가 많은 소수민족, 즉 여기에서는 다수인 '아카' 족이 있다. 태국부터 해서 라오스, 베트남, 중국 남부에 걸쳐 많이 살고 있는데, 보통 해발 1,000m 이상에서 살기 때문에 우리나라에선 '고산족'이라고 부른다. 중국에서는 하니(哈尼)족이라고 부르기도 한다.

이 작은 동네에 우리가 도착했을 때 좀 저렴한 숙소는 이미 만실이었고, 비싼 중국식 여관에만 방이 있었다. 우리가 몰랐던 축제가 있었던 것이다. 동네 공터에 천막을 둘러 벽을 치고 입장료를 받는 공연이었다. 이 동네에서 돈을 주고 공연을 본다는 것, 그 자체가 이미 대단한 일이라서 반경 20km 내 모든 주민이 다 모인 듯했다.

미리 초대권을 받아서 들어가는 사람들도 많았고, 느긋하게 주전부리를 먹으면서 기다리거나 이미 거하게 비어라오 한 박스 정도는 비운 이들도 많았다. 동네 경제사정을 고려한다면 그리 만만한 금액은 아니었기에 들어갈까 말까 고민하면서 천막을 들춰 보는 사람들도 있었다.

뜨내기인 우린 웬 떡인가 하면서 흥분을 감추지 못했지만, 사실 그리 대단한 공연은 아니었다. 이미 BTS와 뉴진스처럼 잘 기획된 세계 시장의 리더를 보아온 국민이라 그럴지도 모른다. 공연이라고 해도 동네를 대표하는 아카족 소녀들이 전통복장을 하고 전통춤을 선보이는 정도니까 말이다. 하지만 소박하고 글로벌하지 않아서 더 특별했다.

아카족은 언제쯤 빌보드를 점령할 수 있을까? 세계정복은 힘들어 보여도 무앙씽은 충분히 정복한 듯했다. 온갖 도박꾼들부터 잡상인과 노점상들이 적어도 백여 미터는 늘어서 있었고, 무엇보다 온몸을 던져서 즐기는 사람들이 있었기 때문이다.

풍선 터뜨리기에 실패해서 그런지 멋쩍은 웃음을 짓는 젊은 남편 옆에 진심으로 '빡친' 새댁의 "내가 그럴 줄 알았어"라는 말이 언어의 장벽을 뛰어넘어 들리는 것 같았다. 이 정도로는 성에 차지 않는 젊은 남자들은 오리 잡기에 열을 올린다.

SCENE

설치된 공연장을 유심히 살피는 무앙씽 주민이
돈을 내고 들어갈 만한지 염탐하고 있다.

라오스_무앙씽_축구장

SCENE

축제장 주변을 가득 채운
주변 천막 음식점에서는
주문한 요리를 하느라 정신이 없다.

라오스_무앙씽_축구장

링을 던져서 오리목에 걸면 그 오리를 상품으로 가져가는 아주 단순한 게임이다. 하지만 살아있는 오리가 순순히 링을 목에 걸어줄 리 없다. 특히 조류는 동체시력이 엄청나서 웬만해서는 차에도 치이지 않는다. 소나 염소 혹은 개나 고양이도 차에 많이 치이는 것을 생각하면 뛰어난 능력이 아닐 수 없다.

동남아 고속도로를 달려보면 동네 개들하고 다르게 고속도로 주변의 개들은 차 근처에도 오지 않는다. 아마 경험을 통해 도로는 곧 죽음이라는 사실을 파악한 것일지도 모른다. 나는 여기에 대해 그럴듯한 학설을 하나 가지고 있다. 동네 개들은 차에 치여도 좀 다치고 말지만, 고속도로 주변의 개들은 살아남기 힘들었을 것이다. 그래서 용감하고 주의력이 부족한 개들은 후손을 남기지 못했고, 지금 있는 고속도로 개들은 신중하고 차를 무서워하는 유전자가 대물림되었다고 할 수 있다.

즉, 고속도로가 깔리면서 그 이전에 없던 새로운 환경이 되었고, 이는 곧 환경의 압력으로 존재했을 것이다. 이러한 압력에 적응하지 못한 개체는 자연 도태되었다. 간간이 돌연변이로 용감한 개체가 태어나더라도 오래 살아서 자손을 남기기는 힘들었을 것이다. 그래서 고속도로의 개들은 동네 개와 비슷하지만 이미 진화된 새로운 개체일 수 있다. 나는 이런 개들에게 새로운 학명을 붙여 주었다.

Canis lupus familiarisivia.

SCENE

온 가족을 데리고 나와 풍선 터뜨리기에 도전했지만 보기 좋게 실패하고 말았다.
멋쩍은 웃음 뒤에서 부인이 쓴웃음을 짓고 있다.

라오스_무앙씽_축구장

SCENE ___________

한편에 마련된 도박장에서는 오리잡이 뽑기가 사람들의 관심을 사로잡았다.
건장한 청년이 오리 목에 링을 걸려고 사투를 벌인다.

라오스_무앙씽_축구장

SCENE

언제 봐도 황량한 이 풍경은
주민들 눈에는 다르게 보일 거라고
생각한다.

라오스_무앙씽_중앙시장

SCENE

시장과는 다르게 무척이나 소박한
버스터미널에서는 봉고차가
버스를 대신하고 있다.
중국행 노선버스도 많다.

라오스_무앙씽_중앙시장

축제가 끝나면 무앙씽은 원래의 황량한 시장 도시로 돌아온다. 물론 여기에 사는 개들은 고속도로 개가 아닌 그냥 개다. 다행히도 축제가 끝나고 해가 뜨면 어디 시원한 그늘 한편에서 밤이 오기를 기다리는 그런 평범한 개들이다.

무앙씽은 촬영차 여러 번 와본 곳이기도 하고 워낙 시골이라서 작은 변화도 크게 느껴진다. 이번에도 몇몇 여관이 새로 생기고, 시장의 지붕이 조금 수선된 것만으로도 크게 발전한 것처럼 보였다. 하지만 무앙씽 터미널은 여전히 예전 모습 그대로 이곳이 말도 못 할 오지임을 말해 준다. 다른 점이라면 중국 시솽반나나 주변의 여러 지역을 오가는 차편이 많다는 것이다. 물론 무앙씽이 중국 국경과 가까운 것도 있지만, 근 10년 전부터는 중국의 물결이 라오스를 뒤덮었다고 해도 과언이 아니다.

중국의 고속철도가 라오스를 관통해서 비엔티안까지 갔으니 말이다. 최종 목적지는 방콕, 아니 싱가포르겠지만 태국이나 말레이시아, 혹은 싱가포르 역시 그리 만만한 나라는 아니니 중국의 꿈이 실현되지는 않을 거다. 라오스는 그 나라들하고는 달리 바다를 접한 항구도 없고, 내전을 겪고 있는 지금의 미얀마보다 가난하기 때문에 선택의 여지가 많지 않았을 것이라고 믿는다.

또 크게 보면 시솽반나까지는 민족적으로는 다르지 않으니 중국의 원조를 거절하기도 어려웠을 것이다. 그렇다고 라오스가 중국의 속내를 못 알아차릴 만큼 어리석은 사람들이라고 생각하지는 않는다. 지금도 중국과 태국 사이에서 위험한 줄타기를 계속하고 있다. 대륙 동남아의 맹주인 태국과 글로벌 G2인 중국 사이에서 새로운 길을 모색하고 있다고 믿고 싶다. 라오스에서 검문에 걸릴 때마다 중국인으로 몰리는 동행을 놀리는 맛도 있었다.

사실 중국부터 해서 동남아 지역의 소수민족을 촬영하는 데 꽤 시간과 노력을 퍼부었던 시절이 있었다. 무앙씽 주변은 아카족이 많이 살고 있다. 방콕의 카오산이나 주요 관광지에 가면 어디선가 개구리 소리가 들리는데, 뒤돌아보면 구슬 장식이 달린 검은 모자를 쓰고, 나무로 만든 개구리로 소리를 내면서 영업하는 노파를 쉽게 볼 수 있다.

목각 개구리를 사지 않으면 살 때까지 개구리 소리를 내는 끈질김과 억척스러움으로, 여행자들 사이에서 악명이 높은 사람들이 바로 아카족이다. 아카족뿐만 아니라 인구수가 많은 몽(Hmong)족이나 카렌족 등 많은 소수민족이 공통적이지만 각각 특색 있는 은 장신구를 많이 사용한다.

일부 수준 낮은 가이드들은, 재산을 몸에 지니고 있다가 급하게 도망가기 위해 귀중품을 옷에 장식한 것이 기원이라고 하지만 엉터리다. 장식이 주렁주렁 달린 것은 일종의 예복이고, 평상복은 비슷한 디자인이지만 훨씬 더 수수하고 실용적이다.

아무튼 가장 눈에 띄는 장식은 19세기 프랑스 은화를 장식으로 사용한다는 점이다. 자세히 보면 당시에 만들어진 진짜 은화는 매우 드

물고 디자인만 차용해 새로 만든 걸 알 수 있다. 가운데는 자유의 여신상이 있고, 제작 연도와 프랑스공화국 국장 디자인도 보인다. 아마 재료가 은인 데다가 세공 기술도 뛰어나 바로 소수민족의 눈에 들었으리라 추측한다.

프랑스의 흔적은 아직도 살아있는 듯하다. 하긴 고산족으로서는 지배층이 누구로 바뀌든 상관이 없었을지도 모른다. 고수익 작물인 아편도 돈벌이가 되었을 것이라서 별로 악감정은 없는 듯했다. 지금 젊은 이들에게는 그저 서양에서 건너온 전통 장식품 중 하나일 뿐이다.

SCENE

아카족의 대표적인 머리장식에 은으로 만든 각종 장신구를 매단다.
대표적인 장식 아이템은 프랑스 은화다.

라오스_무앙씽

SCENE

아카족 소녀들이 무대에 올라 전통무용을 보여주고 있다.
반짝이는 장신구에서는 찰랑거리는 소리가 울려 퍼진다.

라오스_무앙씽_축구장

SCENE

전통을 따르면서도 아이디어를 내어 조금씩 변형하는 디자인의 머리 장식이
상모 장식을 떠올리게 한다.

라오스_무앙씽_축구장

동남아 무계획 여행

Week 2

DAY 8

퐁살리 가는길

무앙씽에서 한 번에 퐁살리로 가는 건 불가능해 보여서 일단 무앙 본타이에서 하룻밤 자고 가기로 했다. 지도상에는 단 200km 남짓한 거리에 불과했지만 6시간이라는 구글맵 안내처럼 쉬운 길이 아니었다. 사실 중간 정도까지는 그래도 포장의 흔적이 남아 있는 나름 괜찮은 길이었는데, 마지막 70km는 말 그대로 오프로드 산길이었다.

놀라운 건 산속 오프로드 골목길이 주요 산업도로라는 점이다. 대부분 중국 번호판을 단 대형 트럭이 힘겹게 물건을 나르고 있어서, 이를 계속 추월해야 하는 게 가장 큰 걸림돌이다. 지금은 먼지가 날리는 흙길이지만, 아마 우기가 되면 이 도로는 웬만해선 완주하기 힘든 길이 될 것이 눈에 보였다.

한국에서도 눈이 오면 비슷한 상황이 펼쳐지는데 미끄러워서 작은 경사도 오르기 힘든 그런 상황과 비슷하다. 동남아의 비포장도로에 비가 오면 온통 진창으로 바뀌는데 이게 눈보다 더 미끄럽다. 이런 도로를 자주 다니는 사람들은 체인을 항상 가지고 다니면서 네 바퀴에 체인을 걸어준다. 일반적인 이륜구동이나 도시형 사륜구동차는 시도하지 않는 것이 좋다.

아무튼 차량이 지나갈 때마다 엄청난 먼지가 날려서 주변은 온통 흙빛으로 황량한 분위기를 물씬 풍겼다. 간간이 물을 건너는 때도 있어 심심할 겨를이 없다. 차량이 많이 다니지 않는 물길을 건널 때는 깊이를 한 번 확인해야 하는데, 이곳은 그래도 대형 트럭이 오가는 길이라 그런지 오프로드형 차량은 문제없이 지날 수 있을 것 같다. 실패하거나 차량에 문제가 생기면 직접 고치거나 며칠을 차량 근처에서 노숙할 각오를 해야 하기 때문에 물이나 비상식량은 꼭 챙겨서 다닌다.

그렇게 도착한 반 본 타이는 트럭 운전을 하는 사람들이 잠시 쉬어가는 그런 작은 마을로 변변한 식당 하나 없었다. 중국인 드라이버를 위한 식당을 찾았는데, 나는 중국어도 라오스어도 잘하지 못하니 그냥 옆 테이블 사람들이 먹는 것과 비슷한 걸로 주문해서 저녁을 때웠다. 이런 게 진짜 여행의 재미가 아닐까 생각했다.

완벽한 오프로드지만 중국에서 오는
대형트럭이 끊임없이 오가는 산업도로였다.

라오스_우돔싸이_지름길

SCENE

70km 정도의 이 도로는
아직 도로 번호도 없다.
말 그대로 산 넘고 물 건너야 하는
길이다.

라오스_우돔싸이_지름길

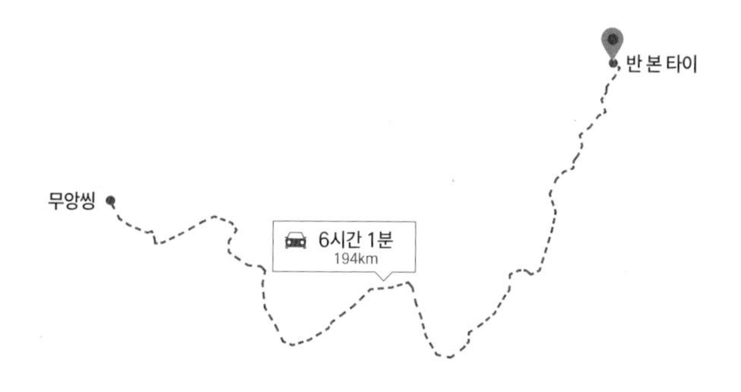

DAY 9

차밭을 가꾸는 사람들

퐁살리는 예전부터 몇 번이나 가보려고 했는데, 위치가 위치인지라 이번에 처음으로 방문했다. 고산 도시답지 않게 꽤 규모가 있어 대도시의 면모가 보이지만, 관광객을 위한 편의 시설이나 장소는 거의 없다고 할 수 있다. 그 흔한 커피숍 하나 구경하기 힘들다.

구글맵을 켜고 찾아간, 커피숍 간판을 매단 곳에선 아직도 맥심커피에 설탕과 프림을 넣은 다방커피를 내니까 말이다. 정화조인지 연못인지 구분되지 않는 시내 중심에서 촬영하고 있는데, 저쪽 한 곳에서는 원목 상판으로 티 테이블을 설치하느라 바빠 보였다.

나중에 가보니까 근처에서 차밭을 재배하는 퐁살리 아저씨들이 티 테이블을 설치하고 기념으로 한잔하는 분위기였다. 이쪽은 원래 중국하고도 가깝고, 차 농사를 짓는 이유도 중국 수출용이다 보니 중국인 출신도 많다. 세 명 중 한 명만 라오스 출신이라고 했으니 맞을 것이다.

분위기도 태국이라기보다는 중국식이었다. 특유의 쾌남들이 손님을 맞이하기 위해 담배부터 꺼내 놓는다. 중국에서는 인사차 자신의 담배를 상대에게 권하는데, 난 전자담배라 한번 피워보라고 할 수 없어서 살짝 어색한 분위기가 감돌았다.

새로 만든 테이블에 술병을 들고 와서 중국 스타일 독주를 한 잔씩 돌려가며 마셨다. 방금 테이블 설치 장면을 촬영했을 뿐인데, 벌써 손님 대접이라 황송했다. 사실 혼자서 다큐멘터리 촬영차 왔다면 분명 여기서부터 발을 넓혀 촬영하는 계획을 세웠을 것이다.

집 안은 생각보다 멋진 분위기로, 돈이 생길 때마다 하나씩 수리하고 보수한 흔적이 주인장의 부지런함을 대신 말해 주고 있었다. 상당한 고산지역이라 품질 좋은 차를 생산할 수 있고, 좋은 차가 있으니 중국인들의 관심을 받는 건 너무나 당연한 순서인 듯했다. 인도 아쌈이나 스리랑카가 영국으로 차를 수출하듯이 이곳은 가까운 중국으로 전부 수출하는 것 같다.

SCENE ________

저녁 시간 연못 주변은 낚시하는 아이들과
바쁘게 돌아가는 어른들이 뒤섞여 평화로웠다.

라오스_퐁살리_케오 연못

SCENE ________

농장 주인이 새로운 테이블 상판을 구해서
설치 장소로 나르고 있다.

라오스_퐁살리_연못 주변 주택

SCENE

통나무 테이블은 별다른 가공을 하지 않아도 우습게 보이지 않는다.
나무 디자인의 매력을 잘 알고 있나 보다. 대신 떨어지면 여럿 다칠 것 같다.

라오스_퐁살리_연못 주변 주택

퐁살리는 여행자를 위한 시설이 하나도 없었다. 여행자를 위한 음식점이라고 해봐야 중국식 국수를 파는 가게나 인스턴트커피를 파는 커피숍 정도가 전부인 그런 동네였다. 하지만 고도가 있어서 낮에도 그다지 덥지 않고, 저녁이 되면 쌀쌀해서 기후는 최고가 아닐까 생각한다.

구글 위성지도를 보면 널찍한 지붕이 꽤 많이 보이는데, 알고 보니 모두 차를 말리기 위해 옥상이나 집 위에 설치한 비닐하우스였다. 널찍한 장소에서 아침이 되면 차를 넓게 펴 말리다가 해가 질 무렵에 다시 모아서 다음날을 준비하는 그런 곳이었다. 어렸을 때 고추를 따면 대략 이렇게 생긴 비닐하우스 건조장에 내다 널어 말렸던 기억이 났다. 물론 요즘은 전기로 작동하는 건조기가 그 역할을 다 해버려 이제는 더 이상 찾아볼 수 없는 시설이지만 말이다.

퐁살리는 크게 2개의 연못이 있는데, 하나는 우리가 방금 봤던 곳이다. 가장 눈에 띄는 시설은 큰 결혼식장이었다. 먹거리를 찾다가 서쪽 연못 근처에 메뉴판이 있는 술집 겸 식당을 찾을 수 있어서 아주 만족스러웠다. 〈왕좌의 게임〉에서 티리온 라니스터가 "뱃속에 와인이 들어있으면 뭐든 더 좋아 보인다"라고 했던 말이 절로 떠오를 정도였다. 오랜만에 메뉴판이 있는 곳에 와서 그런지 첫날 밤은 과음할 수밖에 없었다.

다음 날은 퐁살리가 훨씬 더 좋아 보였다. 아침에 다방 커피 한잔하며 동네 분위기를 살피고 있었는데, 아무리 봐도 중국인 아니면 한국인처럼 생긴 중년 남자가 여기저기에서 사람들과 이야기를 나누는 것 같았다. 알고 보니 사진 촬영하러 온 한국 아저씨였고, 주변의 소수민족 마을에 너무 가고 싶어서 교통편을 알아보고 있는데 잘 안되었다고 했다. 결국 우리에게 부탁했고, 그렇게 같이 주변의 소수민족 마을을 둘러보기로 했다.

사실 나는 고산족이라고 부르는 중국 남서부부터 태국, 라오스, 베트남으로 이어지는 산악지대(이를 '조미아 Zomia'라고 한다)를 한 10년 정도 촬영했었다. 하지만 결국 크게 남는 게 없었다. 한 사람의 사진작가로서 현재의 모습이나 전통의상, 비주얼적인 풍습을 기록하는 것만으로는 한계가 있기 때문이다.

이 지역의 특정 민족을 전공하는 문화 인류학자들도 꽤 많은데, 전체적으로 개괄하기보다는 한 부족을 깊이 있게 연구하는 식이다. 나는 그런 문화인류학적 관점으로도 접근하기 힘들었고, 그렇다고 세상과 스스로 단절해 자신들의 문화를 지킨다는 식의 포장도 거북했다. 그들도 전기만 들어온다면 냉장고나 세탁기를 갖추고 살고 싶어 했다.

SCENE ___________

2층 옥상에 설치된 건조장에서 차를 말리는 사람들의 모습이 보인다.
차 향기가 가득한 공간이다.

라오스_퐁살리_연못 주변 주택

SCENE ___________

차밭 농장을 하는 주인장과
친구들이 멀리서 온 손님 대접을
하겠다고 아껴놓은 약주를
꺼내고 있다.

라오스_퐁살리_연못 주변 주택

물론 외지로 나가 돈을 많이 벌어와 방콕 부럽지 않은 서양식 주택을 짓고 사는 사람들도 있다. 그렇다고 소수민족만이 가질 수 있는 서글픔이 없는 것도 아니다. 동네에서는 평범한 주민이지만, 큰 도시에 나가면 어눌한 말투 때문에 단박에 표가 나고, 소수민족이라는 걸 알아챈 사람들에게 무시당하기 쉽다.

결국 할 수 있는 방법은 한국 다큐멘터리 방송처럼 약간의 지적 호기심을 채워주는 신기한 일상을 담은 사진 정도가 한계였기 때문에, 이제는 그렇게 적극적으로 촬영하지 않는다. 이런 프로젝트를 제대로 소화해서 주제의식을 가지고 촬영하려면 문화인류학자와 동반 취재를 해야 할 것 같다. 아무튼 내가 개인적으로 건드리기에는 너무 거대한 주제였는지도 모른다. 그래도 여전히 조미아 소수민족에 대해 많은 관심을 두고 있다는 건 변함이 없다.

SCENE

퐁살리를 한눈에 내려다볼 수 있는 전망대에 올랐다.
계절에 따라 그림처럼 아름답게 보이는 마을이라 확신했다.

라오스_퐁살리_푸 파

SCENE

묵묵히 앉아서 대나무로 바구니 같은 걸 만들고 있는 할아버지의
뒷모습과 저녁 시간이라 불을 피워둔 화로의 모습이 보인다.

라오스_퐁살리_반 찬탄

DAY 10

사탕수수 할머니

산속 마을을 여기저기 둘러보다가 대나무로 뭔가 만드는 할아버지가 있어서 집 안으로 들어가 봤다. 할아버지는 흔쾌히 만드는 모습을 보여주었는데, 마을에서는 흔하게 볼 수 있는 소일거리 장면일 것이다.

집은 고상식, 즉 필로티 구조로 다리를 길게 빼내 높이 올린 목조 건물이었다. 1층은 가축을 키우거나 창고 정도로 사용하고, 2층이 주요 거주시설인데 방으로 나누어져 있지는 않고 나눈다고 해도 간단하게 칸막이 정도가 있었다. 소수민족에 따라서 집 안에 불을 피워 밥을 하기도 하고, 발코니 식으로 밖에서 하기도 한다. 여기는 집 안에서 불을 피워 밥을 하는 주방이 딸려 있다. 조금 아는 척을 하자면 이런 구조는 중국 남방계보다는 티베트 미얀마 북쪽에서 온 소수민족 스타일로 보인다.

적당히 둘러보고 나오는데, 할머니가 마당을 청소하다 말고 사탕수수 한 줄기를 챙겨 주시는 게 아닌가. 사탕수수 씹을 나이는 지난 것 같은데 손님을 그냥 보내기가 멋하신지 막무가내로 쥐여주려고 하신다. 손짓 발짓으로 그리고 짧은 태국어와 라오스어로 "저는 태국에서 사탕수수를 가장 많이 재배하고, 큰 설탕공장도 있는 람빵에서 왔어요. 사탕수수는 뒀다가 심심하실 때 드세요"라고 했지만 말이 통할 리 만무하다. 너무 거절하는 것도 예의가 아닌 것 같아서 할 수 없이 차에 싣고 가져왔다.

아버지 세대의 이야기를 들어보면, 우리나라에서도 사탕수수를 제법 키웠고, 아이들이 가장 좋아하는 간식으로 등하교 때 한 줄기 씹는 것이 당시 '플렉스'였다고 한다. 사탕수수를 만져본 사람은 알겠지만 옥수수랑은 차원이 다르다. 단단하고 억센 줄기라서 칼로 껍질 벗기는 것도 쉽지 않다. 그래서 그냥 조용히 호텔 로비에 두고 왔다. 로비를 지키던 젊은 청년이 심심할 때 까먹을 것이다. 나는 마음만 받기로 했다.

SCENE

내게 시골 인기 간식인 사탕수수라도 쥐여 보내려고 하신 할머니 사진이다.
우리네 할머니와 다르지 않다.

라오스_퐁살리_반 찬탄

DAY 10

퐁살리의 99세 어르신

퐁살리에는 중국 남부식 주택들이 모여있는 오래된 골목이 있는데, 잠깐 산책하다가 99세 할아버지를 만났다. 무료한 일상을 달래기 위해 밖에 앉아있다가 지나가는 나를 유심히 살피시던 할아버지였다. 잘 통하지 않는 라오스어로 손짓 발짓을 하며 이야기를 나눈 결과 나이를 정확히 알 수 있었다.

약 100년 전이라고 하면 1924년이니까 아마도 젊은 시절 라오스를 건너 태국으로 가던 일본군을 보았을 것이다. 시간이 좀 더 흘러 태국 북부부터 라오스까지 여러 경로로 흘러들어온 국민국의 패잔병도 마주했을 거고, 메콩강 건너 아편을 헤로인으로 만들어 대업을 이룬 쿤사의 아편밭 소문도 들었을 것이다. 라오스에 폭탄을 떨어뜨리는 미군의 B-52 폭격기도 기억할지 모르겠다.

이제 중국이 개방되었고, 퐁살리에서 생산되는 차 대부분을 사 가는 중국인들의 거침없는 과장된 몸짓에도 익숙해졌을 것이다. 지금은 모두가 스마트폰을 보면서 시간을 때우는 시절이 되었고, 그런 퐁살리의 작은 집에서 한국에서 온 카메라를 든 남자와 이야기를 나누고 있다. 생각해 보면 현대사는 짧지만 굵은 궤적을 남겼는데, 이런 식으로 한평생으로 압축될 수도 있다고 느끼니 더 덧없다.

우리가 살아가는 앞날에도 슬슬 전쟁의 그림자가 드리우는 듯하다. 대만을 노리는 중국과 그것을 용납하지 않는 미국이 있고, 가까이는 남과 북의 대립도 있다. 국경 하나 건너에 있는 미얀마는 완전히 내전 상태에 빠져 있고, 러시아는 우크라이나와 전면전 중이다. 이스라엘과 시리아, 이란이 서로 증오하며 폭격을 이어가고 있으니 사실 2차 세계대전 이후 평화의 시대는 크게 보면 종지부를 찍는 중이 아닌가 싶다.

SCENE

나이에 비해 정정하신 할아버지의 모습을 부드러운 빛으로 표현해 봤다.
건강하게 100세를 맞이하시길 바란다.

라오스_퐁살리_올드타운

SCENE

소박한 살림살이지만 깨끗하게 차려입고 자리에 앉아서 오가는 사람을 구경하며
소일거리 하신다.

라오스_퐁살리_올드타운

DAY 11

포장인 듯 아닌

퐁살리에서 한 번에 루앙프라방까지 갈 수 없어서, 아니 가기 힘들어서 중간에 있는 무앙싸이에서 하룻밤 묵어가기로 했다. 라오스의 도로가 그렇지만 수도인 비엔티안 주변을 제외하면 제대로 된 도로가 없다. 메이저 도로로 표시된 곳도 부분적으로 비포장이고, 포장이 되었다고 하더라도 이미 다 떨어져 나가 비포장도로보다 다니기가 더 힘들다.

포장도로라고 해도 조심해야 하는데, 중간중간 있는 포트홀이 엄청나기 때문이다. 이때는 동행이 운전했는데, 한국 도로에 익숙한지라 포트홀 피하는 솜씨가 영 좋지 않다. 차량의 바퀴가 지나는 지점을 항상 생각해서 포트홀을 피해야 한다. 그렇지 않으면 아이돌처럼 춤추게 되기 때문이다.

이런 도로에 익숙하지 않으면 포트홀을 피하는 게 생각보다 쉽지 않다. 마주 오는 차량도 주의해야 하지만, 포트홀이 하나일 때 옆으로 피할 것인지 차량 가운데로 보낼 것인지 빠르게 판단하고 결정해야 한다. 대체로 1개짜리는 잘 피하지만, 이게 좌우로 2개가 되거나 3개 혹은 길 전체가 피할 수 없는 상황이면 속도를 줄여 지나가야 한다.

익숙한 라오스 사람들이야 아무 문제없지만, 일 년 내내 운전해도 이런 길을 만날 수 없는 한국 사람은 판단이 느려지거나 잘못된 결정으로 와장창 할 수가 있다. 우리가 몰고 간 차야 이런 길에 나름 특화된 거라 괜찮았지만 안에 탄 사람은 편안하지 않다.

이런 길을 6시간 정도 운전해야 우리의 목적지인 무앙싸이에 도착할 수 있다. 거리는 대충 240km 정도니까 평균 시속 40km 정도로 달린다고 할 수 있다. 한국 사람은 잘 감이 안 오겠지만 대략 이 정도 속도로 여행하는 것이 라오스다.

포트홀을 일부러 하나씩 밟고 가는 동행의 운전 솜씨는 매일 나아졌다. 다행이다.

SCENE ____________

포트홀이 많은 깨진 아스팔트보다는 그냥 흙먼지 날리는 비포장도로가
달리기에는 훨씬 낫다.

라오스_퐁살리_퐁살리 주변

SCENE

추월하려고 가까이 다가가면
점점 중앙선으로 운전해 오는
라오스 스타일은 여행 내내
적응하기 힘들었다.

라오스_퐁살리_1A 도로

DAY 11

무앙싸이

퐁살리 풍경은 정말 아름답지만, 손님을 기다리는 식당과 편의 시설은 또 다른 매력이다. 산에서 내려온 우리는 급하게 숙소를 잡고, 동행의 취향인 야시장을 찾아 저녁을 해결하기로 했다. 흔한 야시장이었지만 눈앞에 있는 메뉴를 고를 수 있다는 것 자체가 감동이 아닐 수 없다. 루앙남타를 떠나면서부터 이 정도 규모의 도시에는 오지 않았으니까 말이다.

옛 문화가 어느 정도 남아 있는 작은 마을의 분위기 역시 사진 촬영에 더없이 매력적이지만, 현대 문물에 찌들어 있는 우리에게는 각자의 취향을 살릴 수 없다는 치명적인 단점 역시 존재한다. 그래서 급하게 태국식 (혹은 라오스식) 족발 덮밥인 카오카무와 소시지를 몇 개 주문해서 허기를 채웠다. 대체로 실패가 없는 메뉴인 것도 맞지만, 아줌마의 솜씨도 한몫한 것 같다.

동남아 중산층이나 상류층은 집에서 거의 요리하지 않는다. 점심은 대체로 나가서 먹으니 상관없지만 아침과 저녁은 이렇게 시장에서 해결한다. 그렇다고 온 가족이 다 나와서 먹는 게 아니라 가장이나 안주인이 아침저녁으로 시장을 돌면서 그때그때 먹고 싶은 메뉴를 골라 집으로 가져온다. 그러면 집에 있는 가정부 즉 '매반'이 사 온 음식을 접시에 담아 차려내고, 남은 건 매반이 먹는 식으로 매 끼니를 해결한다.

물론 대단한 부자들은 집사가 따로 있어서 집사가 주로 장을 본다. 주인집 가족 구성원들의 음식 취향을 잘 파악해서 매일 골고루 로테이션하는 것이 키포인트다. 일을 잘하면 집사의 가족은 교육이나 숙식 등 여러 가지 혜택을 받는다. 묘한 자본주의처럼 보이지만 결국 같은 거 아니겠나 싶다.

SCENE ________

각종 튀김을 고르는 손님과 익숙한 손놀림으로 포장하는
야시장 튀김집 주인장이다.

라오스_무앙싸이_나이트 마켓 PTC

SCENE ________

동남아에서 흔하게 볼 수 있는 번데기 요리도 있다. 먹어보면 생각보다 고소해서
먹을 만하지만 아무래도 쉽게 손이 가지는 않는다.

라오스_무앙싸이_나이트마켓 PTC

DAY 12

동자승은 학교에 간다

사실 한국인은 동남아 사람들을 잘 이해하지 못한다. 특히 경제적인 관념에서 게으르다거나 돈에 욕심이 없다, 혹은 순박하다고 말하기도 한다. 하지만 우리와 다른 자연환경에서 살아왔고, 그들의 사회체계가 현재의 우리와 다르기 때문인지도 모른다.

우선 자연환경부터 보자면 3모작이 가능한데, 건기에는 물 대기가 힘들어서 대부분 2모작만 하고 3, 4개월은 땅을 놀린다. 그래도 단위면적당 생산량은 우리와는 차원이 달라서 먹을 것에 대한 트라우마는 거의 없다고 할 수 있다. 우리가 흔히 말하는 '춥고 배고픈 시절'이 없는 것이다. 사회적으로도 왕조 시절부터 지배계층이었던 귀족이 대부분이라 현재도 지역 유지거나 기업의 대표 가문인 경우가 많다.

우리야 조선말과 일제 강점기를 지나 6.25 전쟁을 겪으면서 적어도 나라가 두세 번은 뒤집혔다. 부자가 하루아침에 알거지가 되거나 개천에 용이 난다는 말이 생기는 등 자연스럽게 인간 평등의 개념이 사람들 사이에 자리 잡았다. 베트남 정도를 제외하면 이런 변혁을 경험하지 못한 동남아 국가들이 많다. 이런 차이로 개인의 노력으로 계층이동을 하는 건 상당히 어렵다. 그렇게 고통받기보다는 현재 주어진 것을 잘 살펴 더 나빠지지 않고 즐겁고 재미있게 지내는 데 중점을 두었다고 생각한다.

경제적으로 너무 힘들면 출가해 불교에 귀의하는 것도 하나의 방법이다. 대단한 부귀영화를 누릴 순 없지만 무료로 초등 교육부터 대학 혹은 그 이상까지 받을 수 있으며, 기본적으로 사회의 존경을 받는 종교인이 되는 것이다. 너무 어릴 때 부모가 동자승으로 보내는 건 가혹하다고 생각할 수 있지만, 스님으로 지내다가 다시 속세로 내려와 결혼도 하고 일반인으로 사는 것이 손가락질받지도 않는다. 생각해 보면 고대부터 내려오던 복지 시스템인 것이다.

SCENE

학교 가는 꼬마 승려들이 구멍가게에 들러 간식을 하나씩 골라간다.

라오스_무앙싸이_나 라우 포고다

SCENE

전생에 무슨 잘못을 저질렀는지 학교에 가고 싶은 검은 개도 따라간다.

라오스_무앙싸이_나 라우 포고다

DAY 12

루앙프라방 가는 길

루앙프라방으로 가는 산길 꼭대기에서 말끔한 식당 하나를 발견했다. 제대로 된 커피를 마셔본 지도 꽤 되었기 때문에 살짝 후진해서 식당으로 들어갔다. 소박하지만 깔끔하게 장식된 라오스어와 영어 간판이 있었고, 외관 역시 잘 다듬어진 그런 곳이었다. 들어가니 조용한 젊은 부부가 반갑게 맞이해 주었다.

길 쪽으로 난 곳이 정문인데, 맞은편 좌석에서는 반대쪽의 멋진 풍경을 구경할 수 있는 그런 식당이었다. 아마 밥을 먹지 않았다면 꼭 여기서 먹고 갔을 것이다. 대신 커피와 주전부리를 하나씩 시키고 오랜만에 느긋하게 풍경을 즐기며 쉬어갈 수 있었다. 젊은 부부는 조용한 성격인지 서로 대화하는데도 들리지 않았다.

그런 모습을 보고 있자니 영화 〈카모메 식당〉이 떠올랐다. 사연 있어 보이는 일본 중년 여성이 헬싱키에 일본 식당을 열고, 비슷한 사연을 가진 일본인들과 함께 모여 벌이는 소소한 이야기를 잔잔하게 풀어가는 영화인데, 분위기가 느긋한 게 상당히 잘 만든 영화다.

핀란드에서 일본식 주먹밥을 파니, 사람들이 호기심은 보여도 가게 매상에는 전혀 도움이 되지 않는다. 주인공은 고민하지만 좌절하지는 않는 그런 내용이다. 이곳 퍼사 레스토랑의 주인 부부도 그런 것 같았다. 손님이 없어도 고민하는 기색 없이 느긋하게 가게를 운영하고 있었다.

커피 맛도 고급스럽다거나 재주를 부린 듯한 세련됨은 없었지만 소박하고 정성이 느껴졌다. 주전부리로 시킨 간식도 방금 조리한 듯 깔끔하고 부담스럽지 않다. 게스트하우스를 운영한다면 여기서 하룻밤 묵고 가도 기분 좋을 것 같은 그런 언덕 위 식당이었다. 물론 여기는 갈매기가 없으니 카모메 식당은 아니지만, 오기가미 나오코 감독이 보면 좋아할 것 같다고 생각했다.

SCENE

영화 〈카모메 식당〉에 나올 법했다.
조용한 부부가 운영하는 산꼭대기의 식당 겸 카페였다

라오스_루앙프라방_퍼사 레스토랑

SCENE

과수원이 펼쳐진 풍경을 보면서,
간단한 스낵과 커피로 누적된
운전 피로를 날려버렸다.

라오스_루앙프라방_퍼사 레스토랑

DAY 13

그림 알바

루앙프라방 야시장 골목 한편, 불교 색채가 짙은 그림을 파는 가게에서 열심히 그림을 그리는 사람을 봤다. 흔한 풍경이지만 그냥 넘어갈 수는 없었다. 쓱 둘러보니까 들고 가기 편하게 액자 같은 건 하지 않고 한지, 즉 탱화를 그려서 파는 것 같다. 그림이야말로 원가 대비 짭짤한 수익을 낼 수 있는 도구인데, 우리가 생각하는 인건비와 라오스인이 생각하는 인건비의 갭이라고 하면 쉽게 이해할 수 있을 것이다.

제법 잘 되는 가게인지 한쪽에서는 부인이 열심히 그림을 그리고 있고, 남편으로 보이는 사람은 무심히 스마트폰만 보고 있다. 한 붓으로 치고 나가 가장 빠르고 효율적으로, 그리고 화려하게 그리는 걸 보니까 경력에서 나오는 짬이 꽤 되어 보였다. 태국산 금색 아크릴 물감을 그대로 붓으로 찍어 발라 가장 채도 높은 금색으로 장식하는 중인 것 같았다. 아마 푸른 종이에 실크스크린으로 쓴 글씨는 불경 구절일 것이다. 여기에 라오스 전통 불교 문양을 손으로 그려 판매하는 작품을 만드는 것이다.

대학교 시절 나도 그림 그리는 '알바'를 해본 적이 있는데, 브리태니커 백과사전에 들어가는 삽화를 그리는 일이었다. 상추, 독수리, 참새, 한복, 버선, 갓, 냉이 등 외국 백과사전에 넣을 한국 고유의 것들을 그렸다. 한 장에 15만 원 정도 받았으니까 98년치고는 제법 짭짤했다.

처음에는 하루에 한 장 정도 그렸으나, 익숙해지면 게으름이 찾아오기 마련이라 나중엔 평균 2~3일에 한 장씩 그렸었다. 김광석의 둥근 소리 사무실 맞은편에 있던 옥상은 그해 여름의 냄새로 기억된다. 루앙프라방에서도 비슷한 냄새가 나는 듯했다. 그림 많이 팔기를…….

SCENE

열심히 그림을 그리는 부인 옆에서 무심하게 스마트폰만 만지작거리는 남편의 모습이다.

라오스_루앙프라방_나이트마켓

SCENE

라오스의 전통적인 문양을 현대적으로 해석한 패턴을 그리고 있다. 이젤도 없이 잘도 그린다.

라오스_루앙프라방_나이트마켓

DAY 13

동남아 요리

야시장은 태국이나 라오스나 구별할 수 없을 정도로 비슷하다. 중앙의 무대를 중심으로 나열된 테이블과 주변을 둘러싼 가판대가 있다. 익숙한 풍경이지만 다른 점은 그 도시가 얼마나 관광지인가에 따라 외국인의 비율이 다르다. 루앙프라방은 언제나 멋진 관광도시지만 시즌도 아닌 3월 중순에 이렇게 외국인이 많은 건 편리해진 고속철도 때문이지 않을까 생각한다.

열대 기운이 샘솟는 동남아시아 음식을 맛보는 건 참 큰 즐거움이다. 나도 그랬고 쏨땀(라오스 말로는 땀마꿍)이나 쌀국수, 똠얌꿍 같은 것들이 유명하다. 중국에는 없고 한국에만 있는 짜장면처럼 프랑스의 영향을 받아 변형된 라오스 요리들도 있다. 그러나 살아보면 역시 한국 음식만 한 게 없다. 일단 물리지 않는다. 쌀국수를 정말 좋아

해서 거의 세 달을 연속으로 먹은 적이 있는데, 평생 먹을 쌀국수를 다 먹은 것 같다. 이제 다시는 내 의지로 쌀국수를 먹지 않는다. 다른 음식들도 하나씩 물리면서 이제 남은 게 없다.

특히 코로나 때 타격이 컸다. 못해도 일 년에 두세 번 정도는 한국에서 전시도 해야 하고, 책도 나오고 해서 들어가기 때문에 한식에 대한 향수는 별로 없었다. 그랬는데 코로나 때 비행기 타는 것도 고생이고 호텔에서 2주 격리 후 한국에 들어갔다가, 다시 태국으로 돌아와서도 2주를 격리해야 하는 일정은 엄두가 나지 않았다. 그래서 대략 2년 좀 넘게 태국 음식만 먹었더니 평생 먹을 동남아 음식은 다 먹은 듯하다.

그렇다고 보통 한국 사람들이 고생하는 팍치를 못 먹는 그런 건 아니고, 막상 한 끼 때운다면 어떤 것도 마다하지는 않는다. 다만 선택의 여지가 있다면 누가 뭐래도 한식이 우선이다. 사람은 누구나 어릴 적부터 먹어오던 음식에 대한 향수가 있고, 20살이 넘어가면 바뀌지 않는다.

마치 음악적 취향과 같다. 15살에서 25살 사이에 들었던 음악이 평생 가는 것처럼 말이다. 보통 25살이 넘어가면 새로운 음악을 들어도 깊이 매료되지는 않는다. 한국에서는 노래방과 최신곡이라는 압박에 떠밀려 가는 건 좀 있지만. 그것처럼 음식의 종류에 상관없이 어릴 때부터 20대가 될 때까지 먹었던 음식은 그 사람의 평생을 지배하는 것 같다. 루앙프라방은 한식당이 많다. 멋진 도시다.

SCENE

쌀국수야말로 가장 인기 있는 메뉴다.
노란 옷을 입고 유쾌하게 쌀국수를 만들고 있는 주인장이다.

라오스_루앙프라방_나이트마켓

SCENE

중국산 고속철이 깔리고 난 후 더 북적이는 것 같은 루앙프라방을
야시장에서 실감할 수 있었다.

라오스_루앙프라방_나이트마켓

DAY 14

타자기와 필름 카메라

드디어 에스프레소 머신을 갖춘 커피숍들이 즐비한 대도시로 왔다. 라오스에서 두 번째로 큰 도시인 루앙프라방은 과거 라오스가 란쌍 왕국이던 시절 수도이기도 하다. 라테를 한 잔 시키고 주변을 둘러보다가 필름카메라, 자세히 말하자면 미놀타 srT 101을 가지고 있는 서양친구를 발견했다.

물어보니 프랑스에서 왔고, 사진작가는 아닌데 그냥 취미로 필름카메라로 촬영하면서 여행 중이라고 했다. 프로같이 촬영하는 폼을 잡아 달라고 요청하자 멋지게 포즈를 취해 주었다. 이렇게 보여도 나보다 20살 정도나 어리다니 정말 한국인들이 동안인가 보다고 속으로 생각했다. 아무튼 아주 어릴 적만 빼고, 대학교 때만 해도 이런 완전 수동 카메라는 이미 퇴물이었고, 누구도 새 제품을 돈 주고 사지 않는 그런 것이었다.

요즘은 복고 열풍으로 필름 카메라를 많이 가지고 다닌다. '개폼' 잡는 짓이라고 생각한다. 필름 카메라도 마지막 세대는 자동 초점뿐만 아니라 현재 디지털카메라에 있는 기능 대부분을 가지고 있다. 하지만 요즘 젊은이들이 사는 복고풍 카메라는 이런 필름 시절 후반기의 카메라가 아니라 기능 대부분이 기계식으로 작동하는 70년대 카메라들이다.

내가 만약 필카를 써야만 한다면 마지막 세대의 필카를 살 거다. 요즘 애들이 필카 시절 고생을 안 해봐서 필카에 낭만이 있는 거라고 쉽게 생각할 수도 있다. 하지만 곰곰이 생각해 보면 나도 대학생 때 이미 골동품이었던 타자기를 몇 대 사서 사용했었다. 물론 제대로 썼다기보다는 반은 장난감이고 반은 장식용이었지만, 타닥타닥하는 기계식 장치가 제법 매력적인 건 부정할 수 없다.

결론을 말하자면 20대는 자기 할아버지 세대의 물건에 매료되는 시절인 것이다. 틀림없다.

SCENE

내가 20대일 때도 옛날 카메라였던 srT 101로
포즈를 취해 주는 프랑스 청년의 모습이다.

라오스_루앙프라방_샤프란 커피

DAY 14

에스프레소와 로스팅기

사실 동남아에서 에스프레소 커피가 대중화된 건 몇 년 되지 않았다. 10년 전만 해도 방콕이나 일부 대단한 관광지 외에는 에스프레소 커피로 라테나 마키아토 같은 걸 만드는 커피숍은 없었다고 봐도 된다. 당시 커피라고 하는 건 인스턴트 냉동건조 커피를 뜨거운 물에 타서 얼음에 부은 다음에 우유와 설탕, 그리고 다디단 연유를 걸쭉하게 부어서 마시는 그런 종류의 음료였다.

커피만으로는 장사가 되지 않기 때문에 대부분 '차타이'라는 홍차 라테 같은 게 메인이었고, 커피는 주류가 아니었다. 태국 사람들 대부분은 집에서나 밖에서나 차를 즐겨 마셨고, 라오스인들도 차를 마셨지 커피를 마시지는 않았다. 그러니까 퐁살리 같은 동네가 10년 전 동남아 그대로라고 할 수 있는데, 지금은 어디서나 쉽게 에스프레소 머신을 가져다 놓고 커피를 팔고 있다. 태국인들이나 라오스인도 이제 완전히 커피에 중독되어 한국의 커피숍만큼이나 많은 커피숍이 있다. 나는 굳이 커피의 맛을 따져서 마시지는 않고, 카페인이 들어 있다면 가리는 편이 아니다. 그러나 한참 동안 제대로 된 커피 맛을 보지 못해서 그런지 루앙프라방의 커피숍은 사막의 오아시스처럼 느껴졌다.

제대로 된 에스프레소 머신도 있고, 동남아 커피콩뿐만 아니라 여러 원두를 갖추고 하는 본격적인 커피숍이다. 더군다나 자랑하듯이 로스팅기를 가게 한가운데 배치해 놓는 등 커피에 진심이라는 것을 보여주고 있다. 그래도 하루에 두 잔 이상 먹으면 밤에 잠이 잘 오지 않으니 욕심은 금물이다. 그렇다고 여행용 에스프레소 장비를 사 들고 다니기엔 또 너무 게으른 성격이기도 하다.

라오스 북부의 오아시스 루앙프라방에서 제대로 된 라테를 한 잔 마셨다. 이 정도면 충분하다.

SCENE

우선 커피에 설탕을 넣을지 말지 물어보는 데서 전문가 느낌을 받는다.

라오스_루앙프라방_샤프란 커피

SCENE

로스팅기와 그라인더를 갖춰 놓아 심상치 않은 커피숍이라는 걸
온몸으로 자랑하고 있다.

라오스_루앙프라방_샤프란 커피

DAY 14

홀로서기

루앙프라방에서는 3일을 보내기로 했으니까 둘째 날은 오토바이를 빌려 각자 낮 시간을 보내기로 했다. 상태가 좀 좋아 보이는 혼다 스쿠피를 동행에게 내주고, 나는 살짝 상태가 좋지 않은 줌머를 타고 나섰다. 우선 기름을 넣어야 하니까 함께 주유소를 찾아 주유도 하고, 사원과 박물관도 같이 가자고 한다. 뭐 싫지는 않지만 솔직히 크게 끌리는 장소는 아니다. 박물관도 관심 분야가 맞으면 흥미로울 수 있지만, 보통은 문화유적을 늘어놓은 곳이니까 말이다.

동행이 '처음 오는 루앙프라방'이라며 같이 가자고 해서 따라갔는데, 이제 각자 길을 가도 될 때가 됐는데도 그럴 생각이 없는 모양이다. 약간은 난감하지만 나쁜 것도 없다. 그래서 여기저기 내가 가고 싶은 장소도 가고, 동행이 원하던 오토바이 철교도 방문했다. 또, 강을 건너 섬 식당을 찾아보기도 하면서 알차게 일정을 마쳤다.

짬이 나는 대로 동행은 루앙프라방 시내 한가운데 있는 푸시산에 올라가자고 몇 번이나 이야기했지만 나는 촬영이 아니면 산에 가지 않는다. 촬영할 게 있으면 한밤중에 아무도 없는 산이라도 잘 타지만 말이다. 이게 밤에 혼자 산에 가보지 않은 사람은 모른다. 사람이 많은 곳이야 문제없지만 끝까지 한 명도 마주치지 못하는 산이 더 많다. 올라가다 보면 놀란 새가 푸드덕거리는 소리, 멧돼지가 킁킁거리는 소리, 고라니가 후다닥 뛰어가는 소리 등 등골이 서늘하다.

못 믿을 것 같으면 지금 당장이라도 밤에 올라가 보면 무슨 말인지 안다. 촬영을 위해 산에 오르는 걸 즐기는 것도 아니다. 사진을 촬영하는 과정을 즐겨서 셔터 소리가 기분 좋다거나 카메라를 조작하면서 즐거움을 느끼지도 않는다. 철저하게 사진이라는 결과물을 만들기 위한 과정일 뿐이다. 집에 가는 택시가 소나타인지 K5인지 따지지 않는 것처럼 말이다.

그렇게 동행은 루앙프라방까지 가서 푸시산의 일몰을 구경하지 못했다. 대신 종일 오토바이를 타고 같이 다녔다. 뭐, 나는 즐거운 하루였다고 생각한다.

SCENE

강 건너에서 바라본 푸시산은 나지막한 게 정겹게 느껴진다.
아무리 그래도 이 날씨에 올라가고 싶은 생각은 없다.

라오스_루앙프라방_푸시산

SCENE

우리가 빌린 혼다의 스쿠피와 줌머,
둘 다 같은 110cc 엔진과 자동 기어를 사용한다.

라오스_루앙프라방_왓 씨앙텅 앞

DAY 14

메콩강의 섬

루앙프라방은 메콩강을 따라서 오른쪽에 있는 도시다. 번쩍이는 불빛과 저녁 한 끼에 라오스인 월급을 태우는 식당들이 즐비하다. 강을 건너면 갑자기 30년은 과거로 돌아가는데, 그 둘을 작은 여객선이 잇고 있다. 루앙프라방 강변에서 해가 떨어지면 역광으로 눈부시게 아름답기도 하지만, 강을 건너면 반대로 차분한 시골 분위기의 저녁 풍경이 펼쳐진다.

사이에 작은 모래톱 같은 섬들이 있다. 거기에서 채소를 재배하기도 하고, 원두막 같은 걸 여러 개 지어서 음식 장사도 한다. 여기에 가려면 라오스어 혹은 태국어(둘은 아주 비슷하다)를 좀 해서 강가에 죽치고 있는 뱃사공과 거래부터 해야 한다. 돌아오는 시간을 정하는데, 그때 뱃사공이 마중 나오지 않으면 꼼짝없이 갇히는 곳이기도 하다.

그래서 외국인은 거의 볼 수 없고, 주로 루앙프라방 근처에서 사는 현지인들이 찾는 식당이다. 메뉴는 당연하게도 라오스 음식과 비어라오가 주를 이룬다. 북적대는 소음과 관광객들에게 치이다가 섬에서 비어라오를 한잔하면 그렇게 느긋할 수가 없다. 다만 못된 뱃사공을 만나거나 식당 주인의 심기를 건드리면 쥐도 새도 모르게 실종될 수도 있을 것이다. 철저한 계획이나 안전보장이 최우선이라면 시도도 해보지 않을 그런 장소이기도 하다.

이 섬은 홍수가 몇 번만 반복되면 있다가도 없어지는 곳이라 주인도 없는 땅이다. 여기서 한자리 차지하고 장사하려면 어떤 종류의 힘이 개입되었을 것이다. 권력형 조직폭력배일 가능성이 매우 높다. 이익이 있는 곳에는 경쟁이 있기 마련이다. 제법 사람들이 와서 돈을 써주는 장소라서 누구나 들어와 장사하고 싶겠지만, 누군가의 뒷배가 필요하니 쉽지 않다. 우리나라 같았으면 벌써 완전 무인도로 바뀌었든가 아니면 라오스의 남이섬이 되었을 것 같다.

SCENE ______

밤섬같이 버려진 듯 알뜰하게
사용되는 작은 모래언덕이
루앙프라방 메콩강 위에 떠 있다.

라오스_루앙프라방_작은 섬

SCENE ______

강 건너 관광지의 떠들썩함이
사라진 곳에는 태국 뽕짝이
울려 퍼진다. 국제적인 섬이다.

라오스_루앙프라방_작은 섬

DAY 14

에메랄드 불상

알다시피 루앙프라방은 옛 라오스인 란쌍 왕국의 수도였다. 그러니까 우리나라 경주 비슷한 이미지라고 생각하면 좀 더 쉽게 다가올 듯하다. 아무튼 라오스와 태국 그리고 미얀마가 한데 뒤엉킨 이야기가 있는데, 에메랄드 불상을 둘러싸고 벌어진 일이다. 나라마다 학자마다 그 에메랄드 불상의 기원에 관해서는 말이 많다. 벼락 맞은 쨰디(탑) 속에서 발견한 원석으로 만들었다는 설과 인도에서 만들어 스리랑카를 통해 유입되었다는 설이 있는데 그리 중요하지는 않다.

아무튼 태국 아유타야 왕국부터는 확실한 기록이 있다. 미얀마 침공으로 불상을 분실했다가 태국 치앙라이에서 다시 발견되었는데, 이때는 같은 태국이 아니라 란나 왕국(태국 북부지역 왕국)에 속해 있었다. 그래서 란나 왕국의 수도인 치앙마이로 옮기려고 코끼리를 동원해 이동하던 중에 코끼리들이 무슨 수를 써도 람빵에서 꼼짝하지 않고 버텼다는 것이다.

그래서 할 수 없이 '왓 프라뎃 람빵 루앙'이라는 사원을 짓고 여기에 에메랄드 불상을 모셨다. '이 유서 깊은 사원 옆에 내가 살고 있는 집이 있다고 자랑하고 싶다'라는 건 농담이고 계속 이야기하자면, 란나 왕국의 왕이 바뀌고 나서 다시 치앙마이로 옮겨진다. 그리고 80년 정도 후에 란나 왕국에서 란쌍 왕국으로 시집간 딸이 낳은 아들이 유일한 적자가 되어 란나 왕국의 왕위를 잇게 된다.

란쌍 왕국의 왕이 자식 없이 죽자 자연스럽게 란쌍 왕국의 왕도 겸하게 되었는데, 이때 에메랄드 불상을 루앙프라방으로 가져가게 되는 것이다. 시간이 얼마 흐르지 않아 미얀마가 침공해 오자 수도를 루앙프라방에서 지금의 비엔티안으로 옮기면서 불상도 가져갔다.

그러다가 18세기에 태국 톤부리 왕조와의 한판 전쟁에서 패하면서 에메랄드 불상은 톤부리(현재 방콕의 서쪽)로 옮겨지고, 짜끄리 왕조가 들어선 후 왓아룬으로 갔다가 현재의 왓프라깨우(왕실사원)에 있게 되었다.

삼국지에 옥새를 둘러싸고 돌고 도는 재미있는 이야기가 있는 것처럼, 동남아에는 미얀마, 태국, 라오스 삼국이 에메랄드 불상을 둘러싸고 벌이는 비슷한 이야기가 있다. 삼국시대야 거의 이천 년 가까이 되는 머나먼 이야기라 기록에 따라 이야기가 많이 바뀌기도 하지만, 500년 전부터 시작하는 동남아의 에메랄드 불상 이야기는 시작 지점만 빼

SCENE

중국인 할아버지만큼이나 오래되어 보이는 JVC 캠코더를 손에 들고
온 정신을 집중하고 있다. 작가는 어디에나 있다.

라오스_루앙프라방_왓 씨앙텅

SCENE

멀리 다른 절에서 놀러온 승려들의 기념촬영을 몰래 훔쳐보다가 걸렸다.
자비로운 사람들이다.

라오스_루앙프라방_왓 씨앙텅

면 꽤 근거 있는 실화라는 점, 그리고 도시마다 에메랄드 불상이 머물렀던 확실한 지점이 있다는 점 등이 다르다.

하지만 공통점도 있는데, 에메랄드 불상이 머물렀던 모든 장소에 가면 같은 크기의 모형이 있다. 우리 집 근처에 있는 왓 프라뎃 람빵 루앙이라는 사원에도 모형 에메랄드 불상이 있고, 돌고 도는 불상 이야기가 지금도 전해진다. 가이드에 따라 정확한 이야기를 풀어주기도 하지만, 관광가이드 수준에 따라 앞뒤가 뒤바뀌기도 하고 장소가 변하기도 한다. 나라마다 에메랄드 불상의 출처에 관한 전설이 자기 나라에 유리하게 조금씩 각색되는 건 당연하다.

아무튼 현재 방콕 한가운데 위치한 왓프라깨우에 에메랄드 불상을 모신 태국은 승자의 여유가 있다. 대륙 동남아의 패권을 누가 쥐고 있는가는 에메랄드 불상을 누가 가졌느냐를 보면 된다는 말이다. 에메랄드 불상은 실제로는 에메랄드가 아니라 옥으로 만들어졌다. 이름만 에메랄드일 뿐이지만 거대한 옥석 하나를 가공해서 만들었기 때문에 그 자체로도 이미 상당한 가치가 있다. 또, 불상에 특별한 힘이 있다고 믿는 사람들이 많아 돈으로만 환산할 수도 없는 상황이다.

땡볕에 살짝 튀겨진 상태로 왕궁을 관광 중인 한국 사람들에게는 쪼그마한 불상 하나일 뿐이지만, 태국인에게는 영광을 상징하는 첫 번째 보물이다.

SCENE

망고를 따주려고 애쓰는 경비원 아저씨와
그를 지켜보는 꼬꼬마 숙녀들이 마음 편안한 풍경이 되었다.

라오스_루앙프라방_왓 씨앙텅

DAY 14

고오급 라오스 요리

구글맵을 보니 우리 숙소 바로 앞에 유명한 전통음식 식당이 있었다. 루앙프라방을 떠나기 전에 한번 경험해 보려고 들어갔다. 실내도 고급스럽게 꾸며 놓았고, 서빙도 프랑스식 귀차니즘의 정점을 찍을 듯이 음식 하나씩 어떤 재료를 써서 어떻게 조리했는지 설명해 주는 나름 품격과 수준이 있는 그런 식당이었다.

메뉴 하나만 하더라도 우리 하루 방값을 충분히 넘는 가격이었지만, 이왕 온 김에 코스로 시켜 봤다. 플레이팅부터 비싼 티를 팍팍 내면서 나오는데 "역시 돈이 좋구나" 하면서 감탄했다. 사진에서도 보이듯이 커리향 가득한 돼지고기에 바나나 줄기를 잘게 썰어서 함께 요리한 걸 한 입 먹자마자 장모님이 해주던 맛과 정확하게 같은 맛이라는 걸 알았다.

그렇다. 태국과 라오스의 문화는 크게 다르지 않고, 내가 사는 북부 사투리는 라오스 말과 거의 같은, 지역적으로 라오스와 비슷한 동네다. 다른 요리도 장모님의 손맛과 완벽하게 같은 게 더 신기했다. 이거 한 접시 가격을 장모님께 드리면 아마 100인분은 만들 만큼 가격 차이는 있었지만 말이다.

결론적으로 식당에서 강조하는 것처럼 진짜 라오스 전통요리라는 점은 의심의 여지가 없다. 그 말에 돈이 더욱 아깝게 느껴지는 건 왜인지 모르겠다. 태국 북부 사람은 여기에 출입하면 안 될 것 같다.

SCENE

라오스 전통 방식으로 플레이팅된 고급 요리는 소박한 일상 음식이었다.
우리로 치자면 김치찌개, 고등이 구이 뭐 이런 걸 시켰나 보다.

라오스_루앙프라방_만다 드 라오스

SCENE

소박한 입구 모습과는 다르게 내부는 화려하다.
눈길을 사로잡는 연못과 정원이 매력적인 식당이다.

라오스_루앙프라방_만다 드 라오스

DAY 14

길가에서 만나는 사람들

라오스의 자연은 대단하다. 뒷산이 설악산 같고, 앞산이 마이산 같은 그런 동네다. 구석구석 눈부시게 아름다운 자연을 품고 있지만 실제로 가보면 비포장도로에 날리는 먼지 때문에 그런 낭만적인 생각은 쏙 들어가고 없다.

큰 고개 하나를 넘는데 꼭대기에 휴게소가 차려져 있고, 제대로 된 커피숍도 있었다. 예전엔 집에 가려면 문경새재를 넘어야 했는데, 버스가 항상 꼭대기에 있는 휴게소에서 정차했던 기억이 소환되는 곳이다. 미니버스를 개조한 캠핑카에 북경 근처 넘버를 달고 있는 중국인 가족들은 분주하게 뭔가를 볶고 튀기고 삶아대고 있었다.

서양 아저씨들로 구성된 팀은 BMW의 R1250 GS를 타고 무리 지어 올라왔다. 아마 방콕이나 비엔티안에서 출발해 오토바이 투어를 하고 있는 것 같았다. 이 모델의 오토바이만 보면 나는 이완 맥그리거의 다큐멘터리 <롱 웨이 다운>이 생각나는데, 이렇게 '떼'로 라오스 산골에서 보니 묘한 기분이다.

사실 오토바이를 타고 먼 길을 다니면 생각보다 정말 많이 힘들다. 굉장히 불편하고 내릴 때 엉덩이 근육에 쥐가 나서 바닥을 구르기도 한다. 인도에서 로얄 엔필드를 빌려 며칠 타고 다녔는데 시작은 늘 상쾌하고 자유롭다. 하지만 마지막은 언제나 곡소리를 내면서 취침한다. 가끔 인도 꼬마들이 달리는 나를 향해 돌을 던지며 괴롭히기도 했다.

우리는 토요타 포추너를 타고 다녔는데 GS를 탄 팀을 보니 왠지 샌님 같다는 느낌을 받았다. 어디 가나 '졸라' 부러운 놈들은 있기 마련이다. 아마 못해도 두 놈은 모랫길에서 자빠질 것이다.

SCENE ____________

라오스 북부의 산맥을 오르면서 기념촬영을 했다.

라오스_루앙프라방_도 경계지점

SCENE

언덕 꼭대기에 잘 정비된 휴게소가 있다.
길을 지나치는 사람이라면 누구라도
쉬어 가지 않을 수 없는 장소다.

라오스_루앙프라방_푸카오락 휴게소

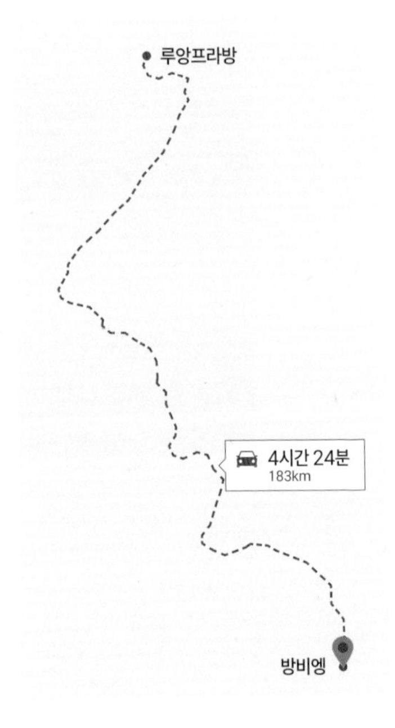

그렇게 길을 지나오는데 떠들썩한 소리가 들렸다. 이건 동네잔치다. 해가 떨어지고도 운전하기는 싫었지만 그래도 그냥 지나칠 수는 없지 않나. 마을 공터에 천막을 치고 무슨 노래자랑인지 행사가 한창이었고, 원두막에 올라서 비어라오를 주거니 받거니 하는 어르신들도 있었다. 사진을 촬영해 달라고 따라다니는 꼬꼬마 숙녀들도 있었는데, 프로페셔널 모델인 게 분명하다. 일은 가능한 한 짧고 쉽게 끝내려고 하고, 출연료 챙기기는 빼먹지 않으니까 말이다.

마지막으로 라오스를 방문했을 때는 중국 고속철도 공사가 한창이던 도로였다. 이번에 다시 와보니 고속철도는 완공되어 중국 쿤밍에서 비엔티안까지 연결되었다고 한다. 동남아시아, 아니 세계에서도 손꼽히는 빈국인 라오스에서는 중국의 욕심이야 둘째치고라도 이런 달콤한 제안을 쉽게 거절할 수 없었을 것이다.

비엔티안에서 태국 방콕까지는 차로 약 9, 10시간 거리니까 고속철이면 4, 5시간쯤인 듯한데, 태국은 아직도 애매모호한 태도로 공사를 시작하지도 않았다. 예전 중국계 경찰 출신이었던 탁신이 정권을 잡았을 때 라오스와 마찬가지로 강력하게 추진했었다. 쿠데타로 드러난 지나친 가족 및 인맥 중심 통치와 탈세 혐의가 확정되어 세계를 떠돌다 얼마 전에야 태국으로 돌아왔다.

그동안 중국의 꿈이었던 싱가포르까지 연결된 고속 철도망은 태국에서 사라진 것이다. 태국이야 크게 아쉬울 게 없겠지만 라오스는 바다도 없고, 경제적으로는 중국에 크게 의존하기 때문에 실리를 따져보면 고속철을 깔지 않을 수 없었을 거다. 라오스가 멍청해서 중국의 속내를 알아차리지 못하고 불나방처럼 덤빈 건 아니라고 믿고 싶다. 그래서 그런지 중국인에 대한 애증의 시선이 느껴졌다. 문화는 태국, 경제는 중국인데 둘 사이에서 외줄 타기 하는 모습이 어쩐지 낯설지 않다.

SCENE

낯선 이들에게 비어라오 한 잔 대접하려고 애쓰는 아저씨들의 권유를 뿌리치는 게 쉽지 않다.

라오스_카시

SCENE

시골 동네잔치에서 가장 즐거운 두 종류의 사람들이 있는데,
하나는 아이들이고 나머지 하나는 술에 취한 아저씨들이다.

라오스_카시

동남아
무계획 여행

Week 3

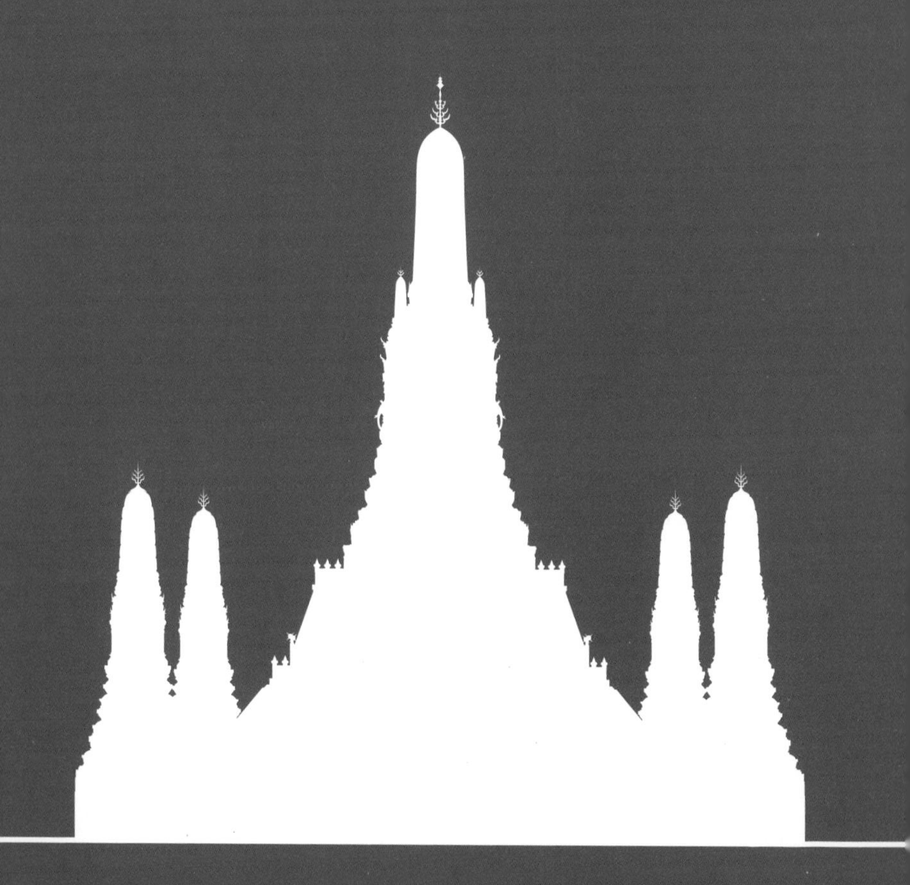

DAY 15

오래전 그 모습 그대로

라오스가 많이 바뀌었다고 하는데, 나에게 가장 놀라운 곳은 방비엥이다. 여기를 처음 왔을 때가 2001년 정도였으니까 23년은 더 지났다. 물론 머물지 않고 그냥 지나친 적은 더러 있었다. 이번엔 하룻밤이지만, 둘러보니 정말로 예전 모습은 사람부터 건물까지 하나도 없었다.

예전 방비엥은 정말 작은 마을이었다. 강을 끼고 있는 작은 마을로 저녁 7시만 되어도 문을 연 가게를 찾기 힘들 정도였고, 몇몇 게스트하우스는 배낭족들로 꽉 차 있는 그런 마을이었다. 시내 호텔과 건물들이 들어선 장소는 비행장이었는데, 그냥 공터로 사용되는 분위기였다. 지금도 흔적은 남아 있는데 굳이 찾아가 보지는 않았다.

지금의 방비엥을 한국 사람들에게 한마디로 설명하자면 옛날 강촌 같은 분위기라고 하면 딱 맞을듯하다. 지금 시내는 각종 투어 프로그

램뿐만 아니라 산과 강에서 할 수 있는 온갖 레크리에이션들이 가득 차 있고, 루앙프라방보다 더 많은 한식당이 있는 듯하다.

방비엥의 매력을 잘 볼 수 있는 11월 말부터 1월까지가 아니라면, 뿌연 날씨 때문에 멋진 산들이 보이지도 않는데 말이다. 아무튼 이곳은 다른 곳과 달리 한국인 비율이 압도적으로 높다. 정말로 강촌에 와 있는 기분이 든다. 굳이 꼽자면 태국의 빠이 정도가 비슷한 속도로 개판이 난 그런 곳이다. 개판이라고 해서 나쁜 말은 아니다. 급성장한 관광지가 그렇듯이 살짝 들뜬 공기와 넘치는 에너지는 분명히 있으니까 말이다. 왜 한국 사람이 이렇게 많은지는 알 수가 없다.

SCENE

남송 강변에서 관광객을 기다리는 카약과 트럭의 모습이 낯설고 쓸쓸해 보인다.

라오스_방비엥_남송 블루 브릿지

SCENE

중국어와 한국어가 뒤섞인 여행사들이 즐비하다.
방비엥 시내의 모습 속에서 허름한 양철지붕의 옛 풍경이 생각났다.

라오스_방비엥_시내

DAY 15

몽족 사냥

방비엥에서 동쪽으로 직선거리 50km 정도에 '롱청'이라는 마을이 있는데, 월남전 당시 미군의 최대 규모 비밀작전 기지였다. 당시 라오스는 공산정권이었던 파테트 라오의 집권이 거의 확실시되어 있었고, 전쟁은 그리 유리하게 돌아가고 있지 않았기 때문에 미군을 위한 군 사조직이 절실한 상황이었다. 몽족 지도자였던 방 파오 장군을 중심으로 몽족 비밀 전투원을 양성했는데, 주요 임무는 미군 조종사를 포함한 포로 구출 작전과 호찌민 루트 파괴였다.

롱청은 한때 세계에서 바쁜 공항 중 하나라는 말이 있을 정도였다. CIA의 적극적인 지원에 힘입어 황무지였던 곳이 몽족 최대 마을로 번성했다. 하지만 다들 알다시피 전쟁은 미국의 패배로 돌아갔고, 라오스는 파테트 라오의 집권으로 라오 인민민주주의 공화국이 되었다.

문제는 반대편에 섰던 몽족이었는데, 일부는 미군 철수와 함께 미국으로 망명할 수 있었다. 하지만 그 수는 약 3천 명 정도에 불과해 뒤통수를 세게 맞은 몽족은 어쩔 수 없이 정부군이 된 파테트 라오 군에 대항해 목숨을 건 싸움을 계속할 수밖에 없었다.

이 게릴라전은 1990년까지 이어졌고, 미국과 베트남이 다시 수교하면서 몽족은 완벽하게 토사구팽당했다고 볼 수 있다. 유튜브를 찾아보면 2000년대 중후반까지 사냥당하는 몽족들의 증거 영상을 볼 수 있는데, 고산지역에서 몰래 거주하다가 정부군을 피해 계속 이주하는 걸 알 수 있다.

다행히 대부분의 라오스 몽족은 미운털이 박히긴 했지만, 그런대로 평화롭게 정부와 공존하고 있다. 하지만 소수의 몽족은 아직도 도망 다니며 목숨을 유지할 수밖에 없는 처지다. 격변의 시대 줄을 잘못 선 대가가 너무 혹독했다. 사건의 당사자인 미국은 아직도 '비밀전쟁'에 관한 내용을 전면 부인하고 있으니 하소연할 곳도 없다. 라오스 정부도 사냥을 멈추고 50년 묵은 문제에 종지부를 찍길 바란다.

SCENE

몽족은 화이트, 그린, 블랙, 플라워 등 여러 하부 부족으로 나뉜다.
하나같이 패션에는 진심이다.

라오스_루앙남타_응아오

DAY 15

방비엥에서 태국 콘깬까지

라오스의 풍경은 정말로 멋지다. 하지만 거기에는 몇 가지 조건이 있다. 일단 차량이 다니는 도로를 어느 정도 벗어나야 진짜 풍경을 즐길 수 있다. 차량이 다니면 흙먼지가 날려서 가까이 있는 모든 게 황토색으로 변해 있기 때문이다. 그렇다고 도로포장을 안 한 건 아니다. 정확히 말하자면 포장했던 흔적은 찾을 수 있다.

상태가 좋은 곳은 100미터마다 엄청난 포트홀이 있어서 급정거를 반복하는 주행을 해야 한다. 상태가 좋지 않은 곳은 포토홀이 말 그대로 연속해서 있어서 시속 30km 이상 달릴 수 없다. 물론 토요타의 무식한 사륜구동은 버티겠지만 그 안에 들어있는 짐은 날아다닐 것이 분명하고, 타고 있는 사람은 방콕의 나이트클럽에서보다 더욱 신나게 춤추게 될 것이다.

그래서 원래 계획했던 방비엥에서 비엔티안을 지나 라오스 도로를 이용해서 팍세까지 가기로 했던 것을 바꾸어, 우리는 비엔티안에서 태국으로 넘어가 팍세에서 재입국하기로 했다. 방비엥에서 비엔티안까지는 새로 깔린 중국의 고속도로가 놓여있는데 정말로 멋지게 만들어놨다.

우리나라 고속도로에 비해 전혀 뒤처지지 않을 정도로 멋지게 깔린 고속도로를 달리니 고생했던 기억이 났다. 예전 비엔티안에서 방비엥에 갈 때였다. 버스가 진창에 빠지는 바람에 히치하이크로 픽업트럭 짐칸을 잡아타고 간 적이 있다. 열대 기후지만 소나기가 내리는 데다가 달리는 바람에까지 시달려 추위에 바들바들 떨면서 갔던 그 도로다. 곳곳에 휴게소 간판이 있어서 들어가 봤지만 거짓말처럼 고속도로 출구가 나왔다. 다른 곳은 휴게소 터만 닦아 놓은 상태였다는 점만 빼면 한국과 다를 바 없다. 하지만 딱 거기까지만 그렇다. 100km 정도를 달리고 나면 평탄한 도로도 끝이다.

SCENE

프랑스가 라오스를 차지하고 아편 농장을 만들기 전까지 왜 쓸모없는 땅이라고 했는지,
도로를 달려보면 충분히 이해할 수 있다.

라오스_방비엥 북부_13번도로

SCENE

도로를 달리는 자동차는 바뀌었지만,
방비엥 20여 년 전 도로와
크게 바뀌지 않은
라오스의 시골길이다.

라오스_방비엥 북부_13번도로

DAY 16

천국행 저금통장

태국 하면 불교고, 94%에 달하는 불자들이 사는 나라다. 우리와는 다르게 소승불교다. 소승불교는 원래 '테라바다'라고 하는 상좌부 불교인데, 족보를 따지면 대승불교보다 선배이자 정통파라고 할 수 있다.

그렇다고 현재의 태국 불교가 정통적인 색깔을 잘 유지하고 있다는 말은 아니다. 원래 북부 인도에서 시작된 불교는 아소카 대왕 시절 완전한 전성기를 누렸다. 이때가 대략 기원전 230년 정도인데 태국에 전파된 시절은 8세기경이었으니까 시간적 차이는 엄청나다. 더불어 최초로 들어온 것은 대승이었으나 이후 미얀마와의 전쟁 패배 등의 영향으로 11세기에는 완전한 상좌부로 갈아탄 것이 지금까지 내려온다고 볼 수 있다.

어쨌든 나는 도올 김용옥의 EBS 불교 강의를 본 후 큰 충격에 빠졌다. 불교 하면 원래 고리타분하고 식상한, 뭔가 무속과 종교의 중간쯤 되는 그런 느낌이었는데, 도올의 강의로 불교는 종교라기보다는 원래 철학에 가까웠다는 것을 알게 되었다. 심지어 2500년 전이라고는 믿기지 않을 정도로 뛰어난 통찰을 통한 혁명적인 깨달음이었다.

그 후로 불교 이론을 다루는 책을 많이 읽으며 한동안 푹 빠졌었다. 그중 독보적으로 훌륭한 한 권을 뽑자면 이화여대 한자경 교수가 쓴 《불교철학과 현대 윤리의 만남》이라는 책이다. 많지 않은 분량으로 거의 완벽하게 불교 이론을 분석해 놓았다. 이대 앞 술집은 많이 가봤지만, 심지어 근처에 꽤 오래 살기도 했지만 학교에는 들어가 보지 않았다. 한자경 교수의 사인이라도 꼭 받고 싶다.

SCENE ___________

기도빨이 잘 먹히는 사원이라고 소문나면 경제적으로도
소규모 기업 못지않은 수익을 올린다.

태국_콘깬_왓 농왕

SCENE ___________

많은 태국인은 사원에 보시하는데, 기복 신앙의 성격을 강하게 띠고 있다.

태국_콘깬_왓 농왕

대승경전보다는 훨씬 더 원시불교에 가까운 태국의 상좌부 불교에 많이 기대한 것도 사실이다. 결론부터 말하자면 실망을 금치 못했다. 물론 대중 종교로서 어느 정도 단순하면서도 명쾌한 도그마를 가져야 하는 것 정도는 이해하지만, 현대의 태국 불교는 생각보다 많이 망가져 있다. 한국 불교계 문제를 볼 때마다 썩어도 이렇게 썩을 수가 있나 싶어 한탄이 나오는데, 태국도 만만치가 않다.

태국 불교에서도 기복 신앙의 단순명쾌한 논리, 그리고 태국의 무속신앙과 결합한 여러 가지 독특한 논리 전개는 우리와 크게 다르지 않다. 그중에서 현대의 태국 불교를 한마디로 관통하는 말은 '탐분'이라는 단어다. 직역하면 덕을 쌓는다는 말이다.

내가 절에 가서 얼마를 부조하면 내 탐분 통장에 그만큼 저금이 된다는 개념이라고 생각하면 90% 정확하게 이해한 거다. 그래서 좋은 일을 할 때도 탐분이라 생각하고, 거지에게 동냥할 때도, 일시적으로 출가해 시간과 돈을 바칠 때도 모두 차곡차곡 통장에 쌓인다는 말이다. 태국인들은 이 탐분에 병적으로 집착한다.

태국의 전통 무속신앙과 결합해 다양한 사업을 벌이기도 하는데, 가장 대표적인 것이 '프라'라고 하는 몸에 지니고 다니는 부적이다. 기도빨이 잘 먹히는 스님이 만든 부적이라면 수천만 원에서 수억 원까지도 호가한다. 총알을 막아주는 방탄 기능부터 어떤 교통사고에서도 살아남는 부적, 애인이 바람을 피우지 않는 부적, 돈 많은 늙은 영감이 일찍 죽는 부적까지 각종 신통함으로 무장되어 있다. 아무튼 고가의 제품을 카피한 짝퉁이 판치고, 그것을 감정하는 감정사와 각종 사기꾼까지 불교에서 말하는 아비규환이 따로 없다.

그런 전쟁 같은 상황 속에서 여러 가지 분파로 또 나뉘는데, 일부 분파는 전 재산을 탐분하고 절에서 합숙하는 등 사회적 물의를 일으키기도 한다. 대표적으로 빠툼타니에 있는 탐마까이라는 종파가 그런데, 경찰이 몇 번 털기도 하고 사회적인 압박도 있지만 아직도 여전히 성업 중이다.

탐마까이의 '부자가 되는 기도'가 특히 효험 있다고 알려져 많은 사업가나 재력가의 전폭적인 지원을 받고 있다는 소문이다. 이런 태국 불교의 문제점을 재미있게 잘 파고든 작품이 넷플릭스에 있다. 제목이 〈싸투〉인데, 한국말로는 '우리는 믿습니다'로 번역되었다. 싸투는 기도 끝에 붙이는 아멘 같은 말이라고 생각하면 된다.

젊은 코인 개발자들이 망해서 빚을 지는데, 이를 갚을 생각으로 사찰을 경영해서 돈을 버는 이야기이다. 많은 에피소드가 현재 태국 불교의 문제점을 유쾌하게 때로는 잔혹하게 묘사하고 있다. 보려면 1편은 대충 빨리 넘기는 편이 좋다. 코인 개발하다 망한 이야기를 쓸데없이 장황하게 끌고 간다.

그래도 여전히 진흙밭에서도 더럽혀지지 않는 연꽃 같은 스님들도 있어 태국 불교는 삐거덕 대면서도 잘 굴러가고 있다. 어디나 마찬가지지만 사람이 여럿 모이면 나쁜 놈도 있고, 좋은 놈도 있으며, 가끔

SCENE

태국 불교는 마음이 약한 사람들이 의지할 곳이라는 명분으로
부적을 공식적으로 인정하고 있다.

태국_콘깬_왓 농왕

천재가 튀어나오기도 한다. 싯다르타가 깨달은 해탈의 핵심적인 이론은 나라고 하는 자아, 즉 자의식이 근거 없는 허상이라는 것을 깨닫는 것이다.

인간은 어쩔 수 없이 여러 가지 유혹과 게으름을 가지고 있다. 그래서 지속적인 깨달음 상태를 유지하는 수행에 방점을 둔 종교가 불교다. 불교에서는 초현실적인 존재 즉 천국이나 지옥, 천사나 악마 같은 것들은 다루지 않는다. 대중적인 불교로 변모하면서 싯다르타 사후에 추가된 여러 판타지가 섞여 있을 뿐이다. 오해할까 봐 말하지만 나는 불교 신자는 아니다. 나는 종교가 없다.

SCENE

한국 불교가 무속과 섞인 것처럼 태국 불교 역시 전통적인 샤머니즘과
먼저 들어온 대승불교 등과 많이 혼합되어 있다.

태국_치앙라이_청색사원

SCENE

자신이 태어난 날에 따라 기도발이 잘 받는 불상을 따로 구분해 두었다.
전문성을 높인 것이 재미있는 포인트다.

태국_치앙라이_청색사원

DAY 16

시린톤 호수 앞 술집

콘깬에서 다시 하루 만에 라오스 팍세로 넘어갈 수도 있었지만, 라오스 국경을 넘으면 편안하게 한잔할 수 있는 술집이 거의 없어서 라오스 국경과 가장 가까운 숙소를 목적지로 달렸다. 댐으로 만들어진 시린톤 호수 앞 리조트에 숙소를 잡고 저녁 먹을 만한 곳을 찾아서 헤매기를 한 시간쯤 했다. 도저히 마땅한 곳이 없어 오다가 본 술집으로 가기로 했다. 우리가 첫 손님이었고, 그대로 마지막 손님이 되었다.

태국 술집에서는 서빙을 담당하는 직원이 상주하는데, 옆에서 슬쩍 보다가 술잔이 반 이하로 줄어들면 얼음과 술, 소다나 기호에 맞는 음료를 섞어서 주는 서비스가 있다. 태국에 처음 왔을 때 정말 낯설게 느껴지던 문화였다. 술이란 따르는 재미도 한몫하기 때문에 이게 없다는 게 섭섭하기도 하고, 뭔가 제국주의 시대 탐관오리가 된 것 같은 그런 기분이 들기도 했다.

물론 익숙해지면 이만큼 편한 것도 없어서 남의 눈치 보지 않고 그냥 편하게 마시기만 하면 되기 때문에 정말 좋다. 이제 익숙해져서 한국에 가면 술 따르고 받는 게 상당히 귀찮게 느껴질 때가 많다. 한국 사람은 뭔가 팁 같은 걸 줘야 하지 않을까 하는 막연한 압박감에 휩싸인다. 또 남들 다 주는데 나만 안 주면 쪼잔한 놈 소리 들을까 봐 걱정도 된다.

하지만 태국의 팁은 미국과는 다르게 굉장히 느슨한 구조다. 손님이 팁을 준다면 감사히 받지만 딱히 달라고 하지 않는다. 또 팁을 받았다고 해서 더 열심히 술을 말아주는 것도 아니다. 동행과 함께 왔던 이날은 가게 점원에게 팁을 쏴주었다. 그리 큰돈은 아니지만 이 정도로 남발하면 확실한 효과가 있는 것도 사실인 듯하다. 노래하는 밴드부터 서빙하는 모든 직원, 그리고 주방에서도 달려 나와 건배를 외치는 게 확실한 VIP 대접이다. 돈이 좋다.

SCENE

컨츄리 바라는 이름답게 시골 분위기가
물씬 나는 정말 시골의 펍이었다.

태국_우본랏차타니_컨츄리 바

SCENE

마음 놓고 팁을 뿌리다 보니
어느새 VIP가 되어 있었다.

태국_우본랏차타니_컨츄리 바

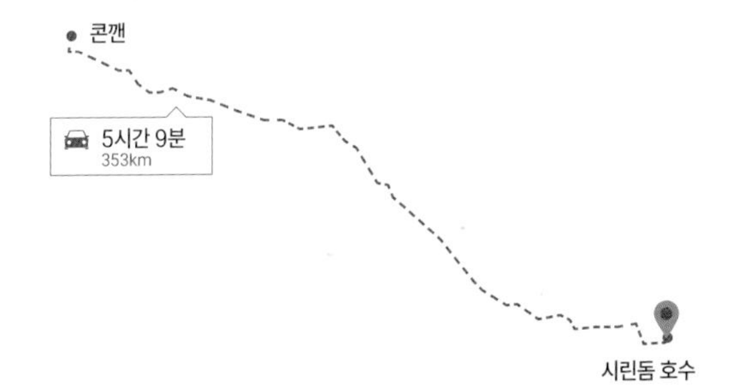

DAY 17

돈콩

태국에서는 섬을 '꺼 Koh'라고 하는데 라오스에서는 '돈 Don'이라고 한다. 그래서 돈콩은 콩 섬이라는 뜻이다. 콩은 당연히 메콩에서 온 콩인데, 주변에서 가장 큰 섬이다. 동네는 차분하고, 마을 사람들은 느긋함이 묻어났다.

막 성수기가 지나서 다들 이제 좀 쉬어 볼까 하는 분위기가 물씬 풍겼다. 때를 잘못 맞추어 온 우리 일행이 반갑지도 않고, 그렇다고 놀면 뭐하냐는 식의 미적지근한 반응이 몸으로 느껴지는 그런 동네였다.

사람들로 북적거리는 여행지도 나름의 맛이 있지만 이렇게 한 철 지난 듯한 황량함이 느껴지는 여행지 역시 나름의 맛이 있다. 느긋하게 할 일 없이 시간을 보내기에는 제법 안성맞춤이었고, 일정을 당기는 바람에 쉼 없이 태국을 건너 다시 라오스에 입국하고, 또 바로 여기 시판돈의 돈콩까지 오랫동안 운전한 피로감도 한몫했다.

우리가 머물렀던 숙소는 사진의 노란색 건물인데 가격에 비해 그렇게 좋지도 나쁘지도 않았다. 미적지근한 인상을 준 흔한 동남아 숙소였다. 밤에 자려고 누웠더니 바로 앞에 있는 식당에서 새벽까지 동네 젊은이들이 노래 부르고 술 마시며 대단한 파티를 벌이는 바람에 쉽게 잠들지 못했다는 것이 흠이라면 흠이다.

그래도 배 타고 보았던 으리으리한 호텔에서 저녁을 먹고 하루 쉬어 가기에는 나쁘지 않은 장소였다. 큰 섬 좌우로 흐르는 메콩강에 둘러싸여 있었고, 반쪽밖에 되지 않는 메콩강만 눈에 보였지만 그마저도 거대한 풍경이었으니까 말이다. 한 일주일 머물면서 느긋하게 시간을 보내고 싶은 그런 섬이었다.

SCENE

관광시즌이 끝난 마을은 시골의 나른한 분위기를 그대로 보여준다.

라오스_팍세_돈콩

SCENE

구글맵 믿을 게 하나도 못 된다.
한참을 헤매다가 강가의 숙소를 발견하고
대충 체크인하니 마음이 편안해졌다.

라오스_팍세_돈콩

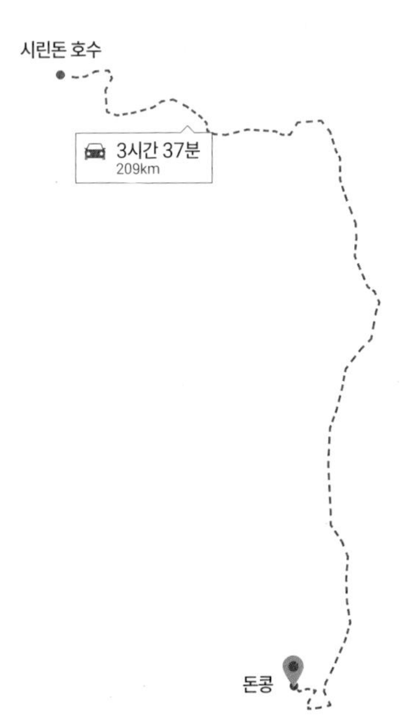

DAY 17

시판돈

메콩 하면 가장 먼저 떠오르는 게 영화 〈머나먼 정글〉이다. 오프닝 곡으로 유명한 롤링 스톤즈의 〈페인트 잇 블랙 Paint It Black〉이 머릿속에서 플레이되면서, 앤더슨 중사를 외치는 모습이 떠오른다. 요즘 메콩에서는 미군들과 맞서 싸우던 베트콩은 사라진 지 오래다.

사실 베트남전은 메콩강이 주 무대가 아니었기 때문에 크게 연관은 없다. 다만 서울에서 오래 살아온 한국인으로서 보는 첫인상은 그리 크지 않은 강폭에 약간 놀랐다. 한강이 워낙 넓은 강폭을 자랑하긴 하지만, 강폭이 작은 메콩은 사실 엄청 깊다. 그래서 유량으로 따지자면 한강은 비교가 되지 않을 정도다.

이렇게 많은 유량이 한꺼번에 지나가다가 넓은 평야를 만나면 수십 개로 쪼개지기도 하고, 한데 모이기도 한다. 때로는 바다로 빠져나가는

속도보다 빠르게 물이 흘러서 역류하기도 하는 게 바로 메콩이다. 라오스와 캄보디아의 국경에 있는 시판돈은 말 그대로 4,000개의 섬이라는 말인데, 직접 가서 보면 크고 작은 섬과 폭포들이 가득하다. 여기서 큰 낙차로 캄보디아로 건너가는 것이다. 가서 보면 강폭이 어마어마하게 넓어지는데 그게 또 볼거리다. 한눈에 볼 수 있는 강 하나는 사실 메콩 전체가 아니라 갈라진 하나의 줄기에 불과하지만 말이다.

어딜 가나 물가 근처에는 보트에 관광객을 태우고 한 바퀴 돌아주는 사람들이 있기 마련이다. 근처 식당에 물어보니까 금방 섭외해 주었다. 둘러보던 도중에 만난 메콩의 어부들이 인상적이었다. 중국이 상류에 많은 댐을 건설해서 이런 풍경을 볼 날이 얼마 남지 않았다는 걸 생각하니 씁쓸한 느낌이 들었다.

큰 강은 항상 낮은 곳으로 흐르고, 대국은 항상 낮은 곳을 살핀다고 하는데 중국의 행보가 아쉽기만 하다.

SCENE

해 질 녘 메콩강에서 고기를 잡는 어부의 모습은 머지않아 사라진 풍경이 될 수도 있다.

라오스_팍세_돈콩

SCENE

깊이를 알 수 없는 물속과는 반대로 표면은 언제나 아름다운 자연의 패턴을 보여준다.

라오스_팍세_돈콩

DAY 17

보이는 풍경

걸어 다녀야만 볼 수 있는 풍경이 있고, 배를 타야만 볼 수 있는 풍경이 있다. 둘 중 하나를 선택하라고 하면 나는 배를 선호한다. 낮 기온 40도가 넘는 동남아에서 열심히 걸어 다니면 건강이 좋아지기는커녕 더위를 먹고 하루 이틀 앓아누워야 하는 경우가 많기 때문이다. 건강 핑계를 대고 있지만 사실 '3보 이상 탑승' 정신을 계승하기 위해서라도 배 타는 것이 좋다.

큰 보트가 아니라면 수면 바로 위에서 보는 풍경이 계속해서 펼쳐지기 때문에 하늘의 색깔이 시시각각 바뀌는 장관 역시 멋지다. 물론 이런 풍경을 카메라에 담는다고 그때 보았던 느낌을 완벽하게 재현하지는 못한다. 원래 현실이 100이라고 치면 카메라로 담을 수 있는 건 50 정도에 불과하다. 이렇게 말하면 수많은 여행 관련 사진에 낚여서 실제 풍경을 마주하고 실망해 본 사람들이 화날 수도 있겠지만 말이다.

사진이란 결국 작가가 어떤 것을 이야기해 주느냐에 따라 같은 장소라도 정말 다르게 표현될 수 있다. 얼마 전 영화 〈랑종〉의 무대가 되었던 로이만 하더라도 영화에서는 시종일관 무시무시한 분위기지만 실제로는 다정다감한 시골마을 느낌을 물씬 풍기는 아름다운 장소다.

모든 시각예술이 그렇듯이 무엇을 말하느냐보다 어떻게 표현하느냐에 방점이 있는 것이 예술의 세계라고 생각한다. 한국전쟁을 배경으로 한 피카소의 〈한국에서의 학살〉을 보면 한국인이 표현하는 6.25와는 완전히 다르다는 걸 분명히 알 수 있을 것이다.

같은 현상이라도 느끼는 포인트와 표현하고자 하는 주제는 사람마다 다를 수 있기 때문이다. 그래서 예술은 모든 사람을 감동시키지 못한다. 다만, 몇몇 사람들에게 전달되는 것이기 때문에 예술의 생명은 다양성에 있다고 믿는다.

SCENE

거대한 메콩강은 돈콩섬 좌우로 갈라져 흘러간다. 반쪽이지만 위풍당당하다.

라오스_팍세_돈콩

SCENE

보트 투어를 마치고 돌아오는 길에 저녁 먹을 식당을 발견했다.
불빛에 끌리는 건 불나방만이 아닌 것 같다.

라오스_팍세_돈콩

DAY 18

자네 지금 우리 사진 찍었는가?

사진을 찍다 보면 가끔 촬영에 극도로 분노하는 사람을 만날 때가 있다. 비율로만 보면 한국은 굉장히 그런 비율이 높은 나라다. 뉴스나 사건 사고에서 몰래 사진을 찍어 악용하는 사람들이 오르내리니 주의하는 것도 이해는 간다.

그에 비해 사진에 상당히 관대한 나라도 꽤 많다. 가장 유명한 곳은 인도나 네팔 같은 힌두교 문화권이다. 이곳은 어째서 그런지는 몰라도 사진이나 영상을 촬영하고 있으면 하나둘씩 몰려들어서 프레임 안으로 들어가고 싶어 난리가 난다. 사람들이 모이니까 뭔가 싶어서 더 많은 사람이 다가오고, 그렇게 삽시간에 현지인들에게 둘러싸인다.

이럴 땐 몇몇이라도 사진을 찍어주는 척하다가 자리를 벗어나는 게 상책이지만, 이놈의 꼬꼬마들은 무슨 건더기가 있다고 끝까지 졸졸 따라다니는지 모르겠다. 이런 꼬꼬마들이 태풍의 핵처럼 항상 주변인들을 끌어당긴다.

동남아는 인도나 네팔하고는 사뭇 다른 분위기인데, 웬만해서는 신경 안 쓰는 척하는 것이 '국룰'인 듯하다. 자기를 찍은 사람이 손짓으로 인사를 건네면 부끄러운 미소 정도를 날려주고 빨리 자리를 피하는 식이다. 요즘 들어서는 동남아에서도 초상권이 많은 관심을 받고 있다. 특히 젊은 층과 지식인층에서 많은 논의가 오간다. 무례한 사람들이 프라이버시 장소나 때를 가리지 않고 카메라를 들이대는 일이 생긴 것이다. 이러한 변화는 유튜버들의 사건 사고가 뉴스에 크게 보도되면서 시작되었다.

촬영하면서 상대방을 존중하는 것은 당연하다. 이렇게 말하면 허락을 먼저 구하고 사진을 촬영해야 하는지, 아니면 촬영 후에 허락을 구해야 하는지를 많이들 궁금해한다. 중요한 것은 사진을 촬영하고 어떻게든 인사 정도를 건네고 상대방의 심기를 살펴주는 따뜻한 마음이지 않을까 생각한다. 어쩔 수 없이 허락 없이 촬영하더라도 인사를 건네고 허락을 얻는 것이 훨씬 더 중요하다. 그런 작은 배려 없이 무례한 사람들이 늘면 동남아도 한국처럼 촬영에 매우 민감해질 것이다.

SCENE

폭포 옆 사원을 구경하고 나오는 스님들의 모습을 촬영했다.
스님들은 아직까진 촬영에 관대한 편인데 불교의 영향이 큰 것 같다.

라오스_팍세_콘 파펭 폭포

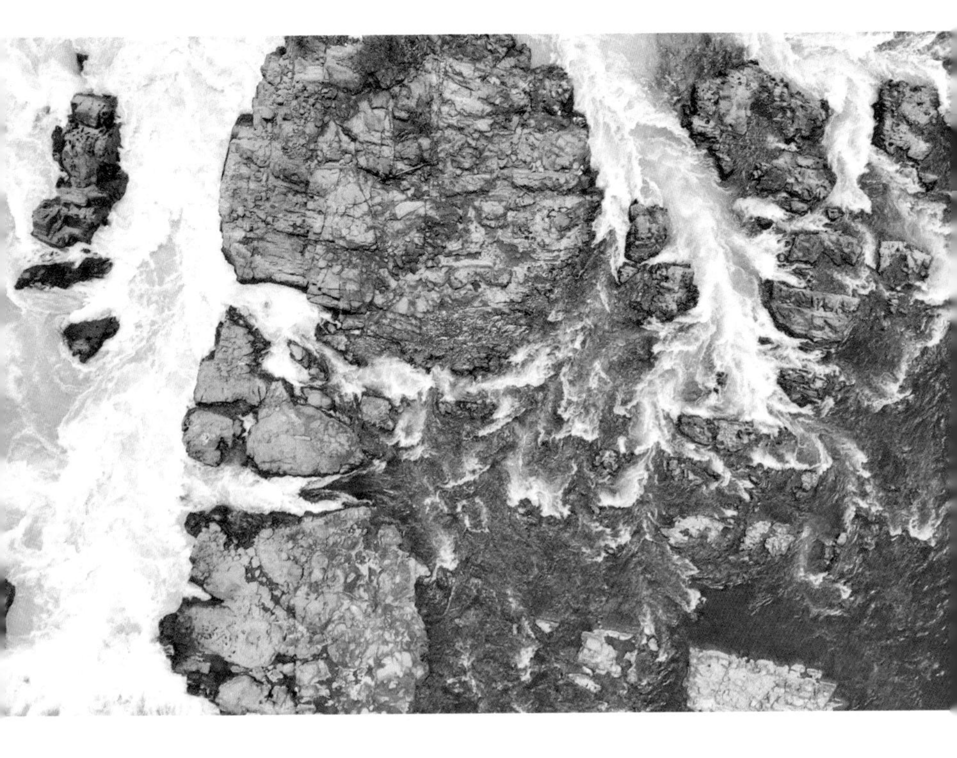

SCENE

콘 파펭 폭포를 위에서 본 모습이다. 메콩강은 라오스와 캄보디아를 큰 낙차로 건너간다.

라오스_팍세_콘 파펭 폭포

DAY 18

국경의 남쪽

라오스에서, 태국에 등록된 차를 가지고 한국인이 운전해서 캄보디아로 건너간다는 건 생각보다 쉽지 않은 일이다. 우리 여정상 라오스에서 캄보디아로 넘어가는 경로는 시판돈에서 남쪽으로 쭉 내려가면 나오는 농녹캐니-트라페앙크리엘 국경이다.

황량한 땡볕이 내리쬐는 바깥에 나가면 5분 이상 생존하기 힘들 것 같은 국경에 도착했다. 국경을 건너기 전에 라오스 이민국에 물어보니 캄보디아 쪽으로 가서 물어보고 오라고 한다. 사실 맞는 말이다. 잘못된 정보로 라오스에서는 출국했는데 캄보디아에 입국하지 못하면 이도 저도 못 하는 상황이 되니까 말이다.

캄보디아로 넘어가 보니까 이민국 직원을 찾는 것도 일이었다. 워낙 건너는 사람이 드문 국경이다 보니 트럭들을 제외하면 사람도 별로 없었다. 다행히 직원을 찾아 물어보니까 된다고 차 끌고 오라고 했다. 라오스에서 출국 절차를 마치고, 캄보디아로 넘어오니 우리는 독 안에 든 쥐이자 잡아놓은 먹이 신세가 되었다.

어떻게든 캄보디아로 입국해야 하는 사정을 잘 알고 있는 공무원들은 이리저리 뺑뺑이를 돌리면서 돈을 뜯었다. 우리는 한 푼이라도 덜 뺏길 생각에, 돈이 없다고 오리발을 내밀면서 있는 현금만 다 바치고 캄보디아로 넘어올 수 있었다.

캄보디아 국경을 생각하면 워낙 일상화된 일이라 인터넷만 봐도 오만가지 사연이 다 올라온다. 사실 공무원이 국가권력을 등에 업고 삥을 뜯으면 안 뜯길 방법이 없는 거다. 물론 이 공무원들의 악행은 여기서 끝나지 않고 우리가 출국하는 국경에도 미리 손을 써 두었다. 서류에 국적을 한국이 아니라 북한으로 적어 출국도 어렵게 만들어 놓은 솜씨에 감탄했다. 한몫 잡은 아저씨는 저녁에 삼겹살에 크메르 소주 한잔하셨는지 모르겠다. 캄보디아의 길이 더욱 황량하게 느껴졌다.

SCENE

국경에서 지체된 시간 때문에 지는 해를 보면서 달리고 있다. 어쨌든 멋진 풍경임은 틀림없다.

캄보디아_엔롱크리_64번 고속도로

SCENE

라오스 길에 비해 캄보디아의 길은 생각보다 좋았다.
포트홀만 없어도 한결 마음이 놓인다.

캄보디아_엔롱크리_64번 고속도로

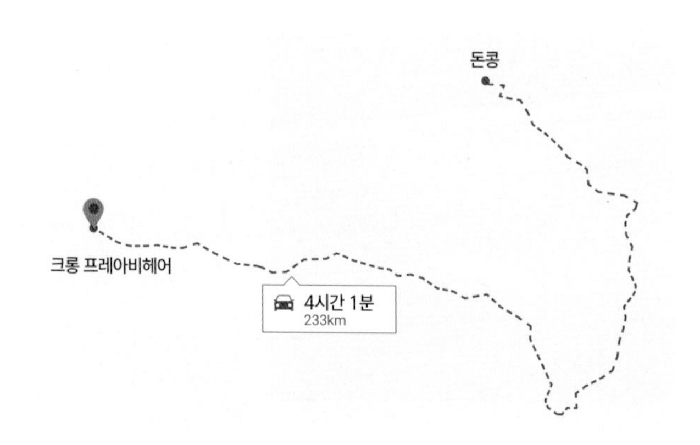

DAY 19

연꽃 연못

앙코르와트가 있는 시엠립에서 대략 70km 정도 떨어진 곳에 뱅멜리아(연꽃 연못) 사원이 있다. 이 사원이 좀 특별하게 느껴지는 건 아마 2001년부터 시엠립에 오면 꼭 들르는 장소 중 하나이기 때문일 것이다. 처음 방문했을 때는 말 그대로 시골 동네 앞에 버려진 사원 그 이상도 이하도 아니었다. 여기저기 무너진 데다가 뱀이나 지네 같은 위험한 동물도 많고, 이끼 덮인 돌을 잘못 밟았다가 다치기도 하는 곳이었다.

미야자키 하야오의 〈천공의 섬 라퓨타〉에 있는 하늘을 나는 섬 디자인에 상당히 많은 영감을 주었다고 해서, 당시에는 몇몇 일본인만 군이 찾아가는 그런 장소였기 때문이다. 교통편도 형편없어서 뚝뚝을 타고 3~4시간을 달려야 도착하는 것도 한몫했었다.

처음 방문했을 때 펜탁스 MZ-S에 후지 프로비아100으로 이곳을 촬영한 것이 몇 롤 남아 있고, 이후 2006년부터는 디지털로 기록했는데 캐논의 5D를 사용했었다. 옆에 사진을 보면 같은 장소인데, 나무뿌리를 자세히 보거나 창에 있는 기둥의 빠진 이빨을 보면 거짓말이 아니라는 걸 알 수 있다. 매번 갈 때마다 조금씩 바뀌어서 이제는 시엠립에서 가면 꼭 가봐야 하는 그런 사원이 된 것 같다.

입구에 노점상이 즐비하고 사람들로 북적이는 것을 보니 동네 사람들 주머니 사정도 나아졌겠다는 생각에 안심이 되었다. 다른 한편으로는 조금 섭섭한 기분이 들기도 했다. 이제 막 등단한 새내기 소설가와 술 한잔하면서 이러쿵저러쿵 쓸데없는 농담을 했었는데, 세월이 지

나 유명작가가 된 걸 보는 것 같은 괴리감이라고 해야 하나. 아무튼 그런 종류의 섭섭함이 느껴졌다. 나는 그동안 뭘 했나 반성하게 하는 연꽃 연못이 아닌가 한다.

SCENE

왼쪽은 2006년 뱅멜리아 사원의 모습을 담은 사진이다. 잘 정비된 오솔길도 관객도 별로 없었다. 오른쪽은 2024년에 같은 곳을 담은 사진이다. 거대한 스펑 나무만 제자리를 지키고 있다.

캄보디아_씨엠립_뱅멜리아

DAY 19

거리의 화가

예체능을 선택했다가 여러 이유로 생계형 직업을 선택하는 사람들이 있다. 아예 완전히 다른 분야로 가면 괜찮지만, 애매하게 한 다리 걸치는 경우가 종종 있다. 사진 분야라면 어쩔 수 없이 상업사진으로 가야 하는 경우처럼 말이다. 돈을 받고 원하는 사진을 만들어야 하는 직업이 그렇다. 몇 년은 견딜 수 있지만 오랫동안 그렇게 살면 뭔가 슬픈 눈빛을 하게 된다.

그림도 마찬가지다. 그림을 그린다면 철저하게 자신만을 위한 그림을 그리고, 그런 작품이 갤러리나 컬렉터의 선택을 받아 작가로서 생계도 유지하고 작품 활동도 하는 그런 상황을 꿈꾸면서 시작할 것이다. 하지만 앞서 말한 대로 그렇지 못한 경우에는 어쩔 수 없이 자신이 원하든 아니든 반복된 작업을 이어갈 수밖에 없다. 한가한 시간엔 나만의 그림을 그리겠다고 다짐해도 생업의 피곤을 이길 순 없어서 결국 마음속에서만 일어나는 일이 된다.

유명한 관광지에 가면 언제나 이런 부류의 화가들이 슬픈 눈을 하고 그림을 그리는 장면을 어렵지 않게 볼 수 있다. 가장 효율적인 방법만 사용한다. 일반인들이 쉽게 감탄할 수 있는 뭔가 멋진 유화 같은 그림이지만 사실은 빠르고 쉽게 그리고, 모든 사람이 좋아할 만한 색감만을 사용해서 도장 찍듯이 그려내는 그런 그림들이다.

대체로 이런 그림들은 전 세계 각지의 침실이나 거실로 퍼져서 그들의 여행을 추억하게 하는 장식품이 되는 운명을 벗어나기는 힘들다. 그래도 가끔은 이런 유리 천장을 뚫고 자유롭게 하늘을 나는 작가들이 나오기도 한다. 그렇든 아니든 나는 따뜻한 무관심으로 그들을 흘려보낸다.

SCENE

화려한 펍 스트리트에서 공장식 그림을 고르는 관광객의 모습은 언제 봐도
씁쓸함이 가시지를 않는다.

캄보디아_씨엠립_펍 스트리트

나이프로 아크릴 물감을 찍어 바르는 젊은 화가의 뒷모습에서
내 모습을 발견해 본다.

캄보디아_씨엠립_펍 스트리트

SCENE

DAY 20

앙코르와트의 사진사

한국 사람은 누구도 일을 맡겨주지 않는 사진사가 앙코르와트에는 있다. 우리는 이런 쓸데없는 것에 돈을 쓰는 걸 극도로 싫어하는 경향도 있지만 일정 부분 믿음도 가지 않기 때문일 것이다. 내 직업이 직업이라서 그런지 몰라도 이런 사진사를 보면 남의 일 같지 않다. 돈벌이는 좀 되는지, 어떤 사람들이 주로 고객인지, 장비는 어떤 걸 사용하는지 모든 게 다 궁금하다.

앙코르와트 입구에서 낡은 니콘 D750과 오래된 탐론 70-300 f4-5.6 렌즈를 들고, 구릿빛 얼굴에 낡은 셔츠를 입은 사진사가 열심히 영업하고 있었다. 노란색 실리콘 보호커버가 눈에 띄는 구성인데 어쩐지 짠한 마음이 들 수밖에 없었다. 물어보니까 잘될 때는 하루에 10달러에서 20달러 정도는 벌 수 있는데, 요즘은 다들 폰카로 촬영하기 때문에 돈 벌기가 쉽지 않다고 한다. 주로 시골에서 온 캄보디아 사람들이 가장 많이 찾고, 그다음에는 호기심으로 서양인들이 종종 고객이 된다고 말했다.

영업을 위해 한 손에는 코팅한 촬영 사진을 주렁주렁 달고 다니면서 똑같은 사진을 촬영해 주는 것이다. 그렇게 해도 공치는 날이 많다고 하니 쉽지 않은 직업인 게 분명하다. 당시 들고 간 소니 a7R4를 유심히 살피던 사진사는 돈 벌면 장비를 업그레이드하고 싶다고 말했다. 수십 명의 사진가들이 줄줄이 영업하는 장소라 소망을 이루기가 쉽지 않아 보였지만, 언젠가 좋은 날도 있으리라 생각한다.

SCENE

낡은 카메라를 메고 손님을 기다리는 사진사를 보니
남의 일 같지 않았다.

캄보디아_씨엠립_앙코르와트

DAY 20

경복궁과 앙코르와트

예전에 비해 눈에 띄는 게 하나 있었는데, 현지인 관광객이 꽤 많이 늘었다는 점이다. 일상복을 입고 가족 단위로 나온 사람들도 있었지만, 경복궁에서처럼 전통의상을 입고 앙코르와트를 찾은 현지인들이 많이 눈에 띄었다. 우리나라 사례를 보고 정책적으로 추진한 것인지는 알 수 없지만 여간 보기 좋은 현상이 아닐 수 없다.

사실 문화라고 하는 건 크게 보면 의식주로 나눌 수 있다. 우리의 경우 의와 주, 즉 입는 것과 사는 곳에서는 이제 전통문화를 찾아볼 수 없고, 먹는 것 정도가 일상에 남아 있다. 인도는 그래도 의복과 주택이 어느 정도 잘 보존되어 있어 독특한 인도만의 분위기를 만드는 데 한몫하고 있다. 먹는 거야 생명력이 기니까 당연한 거고, 이렇게 입고 사는 비주얼적인 것들이 눈에 가장 많이 띄니까 말이다.

그런 의미에서 옛날에는 앙코르와트에 오더라도 일상복 정도만 입었었는데, 이제는 전통의상을 잘 차려입고 분위기 맞는 양산까지 들고 있으니 제법 캄보디아 분위기가 났다. 우리도 경복궁에서 한복 입은 사람을 보기 시작한 게 그리 오래되지 않았으니 비슷하다고 할 수 있다.

먹고살기 바쁠 때는 비용 대비 효율만을 추구했는데, 어느 정도 해결되면 잊어버렸던 어떤 것에 대한 향수가 떠오르나 보다. 대략 40, 50년 걸린 우리에 비하면 캄보디아의 경제상황을 고려할 때 매우 빠르게 진행된다는 느낌이다. 그만큼 조상이 남긴 화려한 과거의 영광에 대한 자부심이 강한 것이라고 생각했다. 사실 대륙 동남아의 역사는 앙코르와트가 무너지면서 생긴 것이다. 앙코르와트가 강성할 때는 납작 엎드려 있어야 했기 때문이다.

SCENE

꽃단장하고 혼자 나들이 나온 듯한 숙녀를 카메라 앞에 불러 세웠다.
칭찬 한마디에 큰 웃음을 보여주었다.

캄보디아_씨엠립_앙코르와트

SCENE

임신한 부인들이 미래의 아이를 위해 기도하러 들린 것처럼 보였다.
평화로운 캄보디아가 오래 지속되길 바란다.

캄보디아_씨엠립_앙코르와트

사암에 새겨진 목각 형태의 아름다운 부조는 앙코르 문명의 정점을 보여주는 매우 중요한 포인트 중 하나다. 특히 앙코르와트의 규모를 생각하면 한 세대에서 끝낼 수 없을 정도로 많은 부조작품들이 벽면을 장식하고 있기 때문에 작업 과정별로 관찰할 수 있는 것이 큰 매력 중 하나다. 스케치만 간신히 된 상태에서부터 중간 과정 그리고 완성된 것까지 알 수 있는 흥미로운 유적이다.

특히 목각에서 온 기술임을 누구나 알 수 있는 스타일을 석조에 표현한 것이 여간 재미있는 게 아니다. 사람들의 관심을 한 몸에 받는 압사라부터 내가 좋아하는 평면 부조 느낌의 패턴까지 다양하다. 우리 전통문양과 비슷하면서도 다르다. 특히 앙코르의 문양은 힌두 문화권에서 불교 문화권으로 넘어가는 과정까지 볼 수 있다는 점이 매력적이다.

다만, 어디 가나 욕먹을 놈들이 존재하는 것 역시 사실이다. 무른 사암에다가 열쇠 같은 날카로운 쇠붙이로 긁기만 하면 쉽게 새길 수 있어서 우리의 화강암 유적과는 또 다르다. 1000년 전 유적에 자기 이름이나 욕지거리를 적어서 현대 예술작품을 만들려는 시도는 참신하나, 자기 것도 아닌 남의 나라 작품에 손대는 것은 존중의 마음이 없는 것이다.

비슷한 일이 세계 어디서나 벌어진다고는 하지만, 천박한 행동을 서슴지 않는 것은 언제나 눈살을 찌푸리게 한다. 나는 도덕군자도 아니고, 확고한 윤리적 가치관을 가진 것도 아니다. 하지만 작은 틈만 있어도 자라나는 잡초들처럼 뽑아 버리는 것밖에 방법이 없는 사람들도 있기 마련이다. 작은 재미를 위해 타인이나 타국에 해를 끼치는 것은 나쁜 것이라는 게 내가 생각하는 최소한의 도덕성이다.

SCENE

중국인이 어떻게 세계의 미움을 사게 되었는지는
생각보다 쉽게 알 수 있다.

캄보디아_씨엠립_앙코르와트

SCENE

천 년 전 찬란했던 감각을 보여주는 앙코르의 패턴을 보면
우리의 문양이 떠오른다.

캄보디아_씨엠립_앙코르와트

DAY 20

슬픈 크메르

사실 동남아 역사에 제법 관심 있는 사람들도 잘 모르는 캄보디아의 슬픈 현대사가 있다. 대부분 폴포트의 킬링필드까지는 대체로 잘 알고 있지만, 그 폴포트가 어떻게 몰락했는지는 모르는 경우가 많다. 그의 악행이 워낙 기행적이고 찾아볼 수 없는 충격이라 그 이후 이야기는 묻혀있는 감이 있다.

폴포트의 심복 중 하나였던 훈센이 크메르 루즈를 버리고 베트남으로 망명한 이야기부터 시작하는 것이 좋을 것 같다. 이후 그는 베트남에서 입지를 굳혔다. 폴포트가 베트남을 자극하자, 이제 막 미국과의 전쟁을 승리로 끝낸 베트남은 참지 않았다. 안 그래도 베테랑 전사들이 바글바글하는 마당에 크메르 루즈 같은 오합지졸이 시비를 걸어주니 반가운 듯이 캄보디아로 진격한다.

이때 크메르 루즈를 누구보다 잘 알던 훈센이 앞장서게 된다. 당연히 폴포트는 패전을 거듭하며 캄보디아의 북서쪽으로 도망치게 되었고, 훈센은 베트남의 지지로 정부를 설립하며 친베트남계 정부가 만들어지게 된다.

그 후 훈센은 세계에서 가장 오래 독재를 이어온 인물로 집권하게 되었고, 당시 함께 들어온 베트남 군대는 캄보디아에서 귀족처럼 모든 이권과 권력을 쥐고 있다. 앙코르와트 운영 및 수익을 관리하는 압사라 재단은 사실상 베트남계의 가장 큰 힘이 되고 있다. 다수의 캄보디아인들이 여러 번 선거에서 승리했지만, 매번 훈센에 의해 무효가 되거나 정당이 해산되면서 크메르인들은 여전히 폴포트의 망령에서 벗어나지 못한 듯하다.

우리가 앙코르와트에 가서 지불하는 몇십 달러의 입장료는 결국 베트남인들의 손으로 들어가는 것이다.

SCENE

씁쓸한 월급 이야기를 하다가 헤어질 시간이 되자
애써 웃음 지어 보이는 앙코르와트의 직원.

캄보디아_씨엠립_앙코르와트

SCENE ___________

손님이 둘러보고 나올 때까지는 뚝뚝이 기사의 휴식시간이다.
월급을 열심히 모으면 뚝뚝이를 하나 사서 자영업을 할 수 있다.

캄보디아_씨엠립_앙코르와트

DAY 21

앙코르와트의 수원식당

한식당은 우리가 1순위로 가는 식당 중 하나인데, 내가 태국에 살고 있어서 웬만하면 한식으로 먹으려고 노력했기 때문이다. 한국에서 금방 온 동행은 태국 현지 음식에 갈망이 있었지만 한식당이 없을 때 먹은 걸로도 충분했다고 생각한다.

가장 좋아하는 한식 메뉴는 뭐니 뭐니 해도 냉면이다. 사람이라면 동남아의 뜨거운 태양 아래 살짝 튀겨질 수밖에 없는데, 이때 시원한 냉면은 포카리스웨트보다 빠르게 흡수되는 최고의 보충제다. 내가 좋아하는 건 격식을 차려서 제대로 만든 냉면이 아니라 흔한 고깃집에서 파는 인스턴트에 가까운 싸구려 맛 냉면이다. MSG 향기가 솔솔 올라오는 냉면의 한없이 가벼운 맛은 차가운 얼음과 함께 어우러져 영혼이 기억하는 맛이 된다.

그런 맛을 타지에서도 느낄 수 있냐고? 걱정하지 마라. 앙코르와트야말로 동남아 관광의 선배 격이니까 여기에 한식당이 없을 수 없다. 내 기억으로는 시골 부모님 집이 있는 예천에서 이미 20여 년 전에 관광버스 단위로 다녀간 곳이 앙코르와트니까 말이다.

90년대 해외여행 자율화 이후 가장 만만한 동남아부터 열풍이 불었다고 해도 과언이 아니다. 주로 동네 단위로 적으면 40명부터 많으면 100명씩 단체로 방콕이며 앙코르와트 등 동남아 관광 붐이 불었었다. 지금이야 보기 힘든 광경이지만 당시 해외여행은 단체 수학여행처럼 빡빡한 일정을 소화하는 게 기본이었으니까 말이다.

앙코르와트에 있는 수원식당도 인테리어부터 주인장의 포스까지 한두 해 장사한 게 아닌 것처럼 보인다. 메뉴도 정말 다양해서 식당 몇 개를 합쳐놓은 듯한 메뉴를 자랑하는데, 그중 냉면은 내가 좋아하는 스타일 딱 그대로다. 작명 센스도 상당하다. 앙코르와트에 수원이라니 보통 자신감이 아니다. 다음에 가면 냉면부터 한 그릇 해야 할 것 같다.

SCENE ___________

수원국제사진축제 때문에 익숙한 수원인데, 캄보디아에서도 내 마음에 들었다.

캄보디아_씨엠립_수원식당

SCENE

역시 냉면은 미원 맛 진득한 고깃집 스타일이 제맛이라고 생각한다.

캄보디아_씨엠립_수원식당

DAY 21

적당한 무관심

말이 나왔으니까 하는 말인데, 캄보디아의 처참한 현대사에 비하면 태국은 그나마 행운의 나라였다고 할 수 있다. 물론 태국인에게 이런 이야기를 하면 울화통이 터질 수도 있으니 주의하도록 하자. 아무튼 우리에게는 한 번도 식민지 지배를 받지 않고 20세기를 넘긴 아시아의 유일한 나라로 여겨진다. 알고 보면 반은 맞고 반은 틀린 말이다.

열강의 시대 직전, 태국의 영토는 현재 미얀마의 동부, 라오스 전체 그리고 캄보디아 동부의 작은 지점만 제외하면 모두 태국 땅이었다. 동쪽에서 밀고 들어오는 프랑스에 라오스와 캄보디아를 떼어주고, 서쪽에서 들어오는 영국에 미얀마 동부 땅을 떼어주면서 독립을 유지할 수 있었다. 마지막으로 중국을 통해 일본군이 밀고 내려올 때는, 우리가 아는 상식과 다르게 처음에 교전이 있었다. 다만 한 번 싸워보고 바로 꼬리를 내리고 미얀마로 가는 길을 터주면서 거의 반식민지나 다름 없어졌지만, 우리와는 사정이 매우 다르다.

우리 같은 경우 깡패들이 집으로 쳐들어와서 집안 어르신을 몰살한 후 머슴살이시켰다면, 태국은 깡패들이 들어오긴 했지만 그래도 예의는 차렸다. 손님 대접하듯이 밥도 해주고 잠자리도 내주었지만 우리 집에 찾아온 힘 센 불청객 정도였다고 생각하면 크게 틀리지 않을 것이다. 그래서 태국인들은 일본에 크게 감정이 없고, 60, 70년대 일본의 투자로 경제발전을 이룬 것에 크게 감사하는 편이다.

그래서 그런지 몰라도 태국 술집은 동남아 그 어디보다도 편안하고 자유로운 분위기다. 밴드가 항상 노래하고, 사람들은 조용히 각자 스마트폰을 보면서 잔을 홀짝일 뿐이다.

SCENE ____________

잘하네 못하네 평가하지 않는 태국인들의 가장 큰 장점은
온몸에서 묻어나는 여유가 아닐까 한다.

태국_뜨랑_반 쏨카나이

SCENE

소음 때문에 태국에서는 대부분 전자 드럼을 사용하는데,
오래된 이 술집은 리얼 드럼을 두드린다.

태국_뜨랑_반 쏨카나이

동남아 무계획 여행

Week 4

DAY 22

열대의 바다는 사막

여행 경험이 많지 않은 사람들은 흔히 파라다이스라 하면 청록빛 에메랄드그린 바다와 야자수가 있는 풍경을 떠올리곤 한다. 그래서 모험심 강한 청년들은 혼자 바닷가로 향하는 실수를 저지르기 쉽다. 머릿속에서 온갖 상상을 펼치며 꿈같은 일이 일어날 거라고 기대하기 때문이다.

태국은 파라다이스 이미지의 바닷가가 많기로 유명한데 일반적으로 많이 가는 파타야, 푸켓, 후아힌, 그리고 지금 우리가 방문한 꺼창이 대표적이다. 물론 하나씩 열거하자면 한 페이지가 금방 찰 정도로 많다. 일단 바닷가에 도착하면 특유의 여유롭고 늘어지는 공기와 짠내가 맞이한다. 투명한 열대바다의 신선한 느낌은 도시에서 찌든 사람들의 심신을 치유하기에 부족하지 않다. 하지만 DJ DOC가 부른

〈바닷가에서〉와 같은 일이 일어날 것이라고 기대한 사람들의 심신까지는 치유해 주지 못한다. 아무리 둔감한 사람이라도 보통 2~3일만 바닷가에 나와 보면 대충 눈치채고 포기한다. 빠른 사람이라면 반나절만에 깨달을 것이다. 물론 젊은 청춘남녀가 미디어로 봤던 패션을 뽐내며 여기저기 많이 있다. 충분히 넘쳐나며 근처 작은 칵테일 바에도 삼삼오오 자리 잡고 웃음기 섞인 외국어가 넘쳐날 것이다. 하지만 중요한 건 모두 이미 일행이 있다는 것이다.

우리나라 바닷가처럼 남남 여여 이렇게 다니는 게 아니라 커플 아니면 짝을 맞춰서 여행한다. 운 좋게 쓸쓸해 보이는 싱글을 발견한다고 해도 2가지 중 하나다. 싸우다가 머리를 식히러 나왔거나 지난밤 과음으로 방금 일어나 산책하는 사람이다.

명심하자, 해변은 만남이 이루어지는 게 아니라 이미 이룬 사람들의 장소라는 걸. 어떻게 아냐고 묻는다면 다 아는 수가 있다.

SCENE

사라지는 발자국을 남기며 해변을 거니는 여행객은 다음날이면 종적을 감춘다.

태국_꺼창_화이트비치

SCENE

터키 그린 빛깔의 바닷가지만 뜨거운 태양 때문에 해가 져야 사람들이 나온다.

태국_꺼창_화이트비치

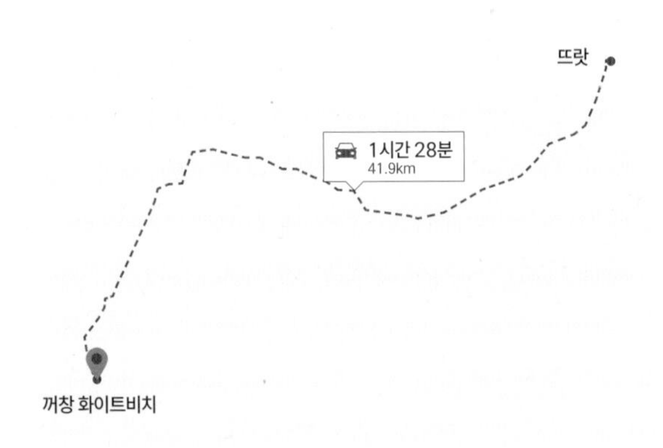

DAY 22

뭐든 한잔 걸치면 좋아 보인다

혼자 가는 바다가 아니라도 좋은 점은 있다. 밤마다 해변에 간이 테이블을 설치하는 식당들이 근사하기 때문이다. 동남아의 축복이라고 해야 할 것이다. 겨울이 없어 언제나 영업할 수 있고, 자연이 만들어 준 가장 멋진 분위기를 그대로 가져올 수 있으니까. 음식값이 꽤 비싸더라도 충분히 만족한 고객의 표정을 볼 수 있다.

나 역시 해변의 모래밭에 펼쳐진 식당에서 한잔하는 것을 가장 좋아한다. 스노클링이나 각종 레크리에이션을 즐기기엔 너무 게으른 성격 탓인 듯하다. 아무튼, 로컬 어부가 잡아다 준 싱싱한 해산물이 널려 있으니 방콕이나 내가 살고 있는 북부 람빵과는 차원이 다른 신선함을 맛볼 수 있다.

그다지 힘준 요리가 아니라도 나름 경력에서 나오는 바이브와 식재료의 힘으로 소금간만 해도 술안주로 부족함이 없다. 오지도 아니기 때문에 각종 얼음이나 소다 역시 충분하고, 몇 걸음만 가면 인테리어가 잘 되어 있는 멋진 화장실도 있으니 술맛이 나지 않을 수가 없는 것이 바로 태국의 바닷가다. 자칫 과음으로 다음 날이 날아갈 수도 있는데, 뭐 일정을 조금 조정하면 되기 때문에 부담도 없다. 태국의 브랜디인 '리젠시'에 소다를 섞어서 요즘 한국 사람들이 말하는 '하이볼'을 만들어 마시면 그리 시원할 수가 없다.

시간이 되면 어김없이 비치보이들이 등장해서 불 쇼를 펼친다. 식당에 편안히 앉아서 섬마을 소년들이 펼치는 각종 레퍼토리를 즐기기만 하면 된다. 물론 끝나고 팁을 받으러 돌아다니는데 마음 가는 만큼 조금 쥐여주면 서로가 행복한 해변의 밤이 된다. 그나저나 불 쇼의 레퍼토리는 무슨 학원이라도 있는지, 아니면 전통에 도전하는 자들을 모두 숙청한 것인지는 모르겠지만 하나도 변하지 않았다.

SCENE

밤이 되면 본모습을 드러내는 해변의 식당들은 좀 비싸더라도
분위기 값을 한다.

태국_꺼창_화이트비치

SCENE

비치 보이들의 불꽃 쇼는 언제나 똑같은데 사람만 계속 바뀐다.

태국_꺼창_화이트비치

DAY 25

수쿰빗 로드

관광객이 붐비는 방콕 중심의 나나역부터 멀리 캄보디아까지 주욱 이어진 도로의 이름이 '수쿰빗 로드'다. '3번 도로' 혹은 '3번 고속도로'라고도 부르는 약 500km의 도로명이다. 방콕의 유명한 관광지와 환락가를 관통하는 이 도로에는 가족 단위 관광객은 물론이고 외국인 부랑자, 몸을 파는 여자들과 트랜스젠더가 즐비한 온갖 문화의 잡탕인 거리이다.

한국문화원이나 코리아타운도 여기에 있고, 터미널21 같은 대형 쇼핑몰과 하얏트, 메리어트, 쉐라톤 같은 대형 호텔 체인도 빼곡하게 들어서 있다. 더불어 온갖 종류의 세계음식점들, 마사지숍이나 마리화나 가게 그리고 모든 종류의 술집과 펍, 클럽이 집중해 있는 곳이다.

태국의 문화를 한마디로 표현하자면 다양성인데, 중국, 인도, 동남아 문화가 한데 엉킨 잡탕 같은 분위기 속에서 태국인이라는 정신적 정체성을 유지하고 있다고 말하고 싶다. 이런 분위기에 가장 잘 어울리는 곳이 수쿰빗이 아닐까 생각한다. 여기 가게에서 일하는 사람들 대부분은 방콕 출신이 아니라 동북부 이싼 지방에서 돈 벌러 온 사람이라서 이싼 사투리를 한두 마디 할 줄 알면 어디에 가든 환영받을 것이다.

메인도로는 정말로 좁은 왕복 4차선 도로 위로 BTS 지상철이 지나가기 때문에 고가철도 아래의 우중충한 분위기다. 하지만 일 년 내내 더운 방콕의 열기와 전 세계에서 모여든 관광객들이 뿜어내는 에너지만큼은 "정말 방콕답다"라는 말로밖에 설명되지 않는다. 깊은 밤이 되면 하수구에서 먹이를 찾아 뛰어나온 고양이만 한 쥐들이 바글거린다. 서울 수준의 물가를 자랑하지만, 또 그만큼 돈벌이가 되는 곳이기도 하다. 화려하면서도 우울한 분위기가 물씬 풍긴다.

SCENE ___________

새로운 듯 낡은 거리 앞에 악명이 자자한 뚝뚝이 손님을 태우고 지나간다.

태국_방콕_수쿰빗 소이11

SCENE ___________

먹여 살릴 가족이 있어 더욱 당차게 바가지를 씌우는 뚝뚝이 기사가
늦은 저녁식사를 하고 있다.

태국_방콕_수쿰빗 소이11

DAY 25

무너진 한국 월드컵

예선전이 태국에서 열리기 때문에 미리 표를 사두었다. 축구 경기는 언제나 TV로 보는 것이 제맛이지만 가끔 현장에서 보면 그 나름의 분위기가 있어 기회가 된다면 마다할 이유가 없다. 더구나 한국 대표팀이 태국 방콕에서 하는 경기라서 원정팀 응원단이라는 자부심도 있었다.

다들 기억하듯 클린스만은 감독이었을 때 좋은 선수들을 데리고도 수준 낮은 경기를 펼쳤었다. 이후 뉴스에 크게 보도되었지만, 당시 손흥민과 파리의 이강인이 크게 다툰 직후의 경기였다. 그때는 몰랐지만 이강인에게 가는 패스가 거칠고 타이밍이 어색할 정도로 이상한 점들이 눈에 띄었다.

모든 스포츠가 그렇듯 어떤 환경과 리더를 가지고 있느냐는 경기에 큰 영향을 미친다. 이 점을 잘 알기 때문에 세계의 강팀들은 훌륭한 감독을 선임하기 위해 큰 비용과 노력을 아끼지 않지만 한국은 예외인 듯하다. 최악의 감독으로 악명 높은 클린스만을 독단적으로 선임해 경기를 망쳤기 때문이다.

스포츠는 결과가 숫자로 명확히 남기 때문에 극도로 나쁜 상황은 드물다. 하지만 축구 같은 팀스포츠는 개인 실력 외에도 팀워크나 전략에 많은 영향을 받기 때문에 변수 역시 많다. 그런 부분을 잘못 관리하면 팀이 쉽게 망가질 수 있다.

낡았지만 웅장한 방콕의 라자망갈라에서 홈팀인 태국을 상대로 3:0으로 완승했으나 막상 경기 내용은 별로였던 이유도 이것 때문이다. 이런 상황은 상대팀이 더 잘 알기 마련이고, 큰 기대를 안고 온 태국 팬들도 실망을 감추지 못했다. 한국이 가장 약해진 것이 지금이라는 사실을 잘 알고 있는 듯했다.

SCENE

낡은 경기장임에도 압도적인 규모를 자랑하는 것 같다.

태국_방콕_라자망갈라 스타디움

SCENE ______

너무 많은 사람 때문인지 인터넷이 연결되지 않아 바탕화면을 보면서
응원하는 신혼부부 팬의 스마트폰을 훔쳐보았다.

태국_방콕_라자망갈라 스타디움

DAY 25

아니 이건 좀

방콕 하면 교통체증이고, 교통체증 하면 두 번째가 서러운 곳이다. 상황을 잘 알지만 그래도 경기장 앞 도로는 뭔가 방법을 마련해야 할 만큼 끔찍하다. 경기장에서 보면 여러 개의 출입구가 있어서 사람들이 드나드는 게 힘들지 않은 구조다. 그렇지만 일단 경기장을 빠져나오면 외부로 통하는 길이 하나밖에 없다. 즉 모든 사람이 약 3km 정도를 좁은 2차선 도로를 통해 나와야 하는 구조라는 말이다.

경기 전에도 차량 출입은 완전히 포기해야 하고, 경기 후에는 오토바이도 서로 막혀서 이 구간을 빠져나오는 데 대략 한 시간 정도가 걸린다고 생각하면 된다. 걸어가는 게 가장 빠른데 오토바이와 차량, 인파가 한데 몰려 그것도 쉽지 않다. 특히 높은 습도와 30도가 훌쩍 넘는 기온이라 더욱 힘든 고난의 길이다.

요즘이야 대책이 없는 게 대책이라는 말이 그렇게 어색하게 들리지 않지만, 태국이야말로 대책 없는 게 대책인 경우가 많다. 어떤 사정이 있는지는 모르겠지만 큰 공연이나 경기가 있을 때 잠깐 고생하면 된다는 식의 대처라서 더 황당하다. 경기장을 좀 더 한적한 곳으로 옮기든지, 아니면 주변으로 나갈 수 있는 출입구 도로를 좀 더 확보하든지 해야지 하는 생각을 한 시간 동안 하다 보면 겨우 밖으로 나올 수 있다.

이게 한국인의 특징인데, 뭔가 답답한 걸 보면 참지 못한다. 경기에 지고도 침착하게 혹은 느긋하게 한 걸음 한 걸음 옮기면서 인파의 열기를 즐기는 것처럼 보이는 태국인들에게 한 수 배워야겠다. 그래도 다음에는 그냥 에어컨 나오는 데서 TV로 봐야지.

SCENE ________

경기에 지고도 침착하게
자기 길로 가고 있는 태국인들을 보면
성숙한 시민 의식을 느낀다.

태국_방콕_라자망갈라 스타디움

SCENE ________

땀을 뻘뻘 흘리면서 경기에 이기고도,
교통체증에 괴로워하고 있다.

태국_방콕_라자망갈라 스타디움

DAY 26

방콕의 주태한국대사관

방콕은 태국의 수도라서 당연히 한국 대사관도 방콕에 있다. 외국에서 오래 살아본 사람이라면 대사관의 다양한 역할에 익숙할 텐데, 동사무소 업무부터 경찰서, 시청 등 모든 공관이 하는 일을 수행한다고 보면 된다.

태국의 대사관 건물은 김중업 건축가의 작품이다. 올림픽공원에 있는 평화의 문을 본 사람이라면 누구나 한눈에 알아볼 수 있을 것이다. 주한프랑스대사관 역시 같은 사람의 작품이다. 시그니처인 지붕 모양은 그의 스승이었던 르코르뷔지에의 롱샹 성당에서 영향을 받았다. 나도 건축디자인을 상당히 좋아하는 편이라서 방글라데시에 갈 기회가 있을 때면, 일부러 시간을 내서 루이스칸이 만든 국회의사당에 가보곤 한다.

개인적인 의견이지만 방콕의 대사관 건물이 그의 역작이라고 할 수는 없다. 그래도 먼 태국 땅에서 한국 건축가의 족적이 남은 건물을 대사관으로 사용하고 있으니 소망했던 일이 이루어진 거라 믿는다. 이때는 총선 재외선거가 있었기 때문에 방콕에 들른 김에 투표까지 하고 갔다. 태국에서 선거에 참여하려면 멀리 사는 사람의 경우 비행기를 타고 방콕에 와서 투표해야 한다. 쉬운 일이 아니지만 '어찌 한 표를 행사하지 않고 지나칠 수 있으랴'라는 생각으로 꾸역꾸역 빼먹지 않고 투표했다.

웰컴 드링크로 이것저것 준비해 놓지만 역시 최고는 맥심 커피믹스다. 입맛이라는 게 항상 고급을 지향하지만, 그리운 음식은 언제나 보잘것없는 것들이다. 커피믹스를 마시노라면 하루에 12잔이라도 타서 흡연실로 향하던 신입사원 시절이 생각난다. 지인이 커피믹스 한 움큼을 챙겨 주었다. 주머니에 얼른 감춰서 들고 왔는데 투표하러 간 보람이 있다고 생각한다.

SCENE

아무리 욕해도 행정 서비스는 한국인이 제일 잘하는 것 같다.

태국_방콕_주태한국대사관

SCENE

방콕에서 투표하면 힘들게 왔으니까
반드시 기념샷을 촬영한다.
한국 주소지가 없으면 비례대표만
투표할 수 있다.

태국_방콕_주태한국대사관

DAY 28

공식 드론 자격증

태국은 물론 다른 나라들도 드론에 대한 규제가 나날이 늘고 있다. 태국에서 처음 드론을 날릴 때만 하더라도 별 규제가 없었는데, 지금은 상당히 복잡하다. 간단하게 설명하자면 태국 항공청에 드론 기체와 조종기를 등록해서 등록증을 발부받는 일이 첫 번째다. 두 번째는 태국 항공청에 드론 비행자로 기체와 본인 모두 등록시켜 허가증을 받아야 한다. 이때 반드시 책임보험에 가입해야 하는데 1년에 20만 원 정도 든다. 이런 절차를 모두 마치면 2장의 등록증과 허가증을 주는데 항상 상비하고 다녀야 한다.

하지만 어려운 일이 있으면 달콤한 결실도 있는 법이다. 이제 수코타이 역사공원처럼 공무원들이 관리하는 곳에서는 제대로 된 서류만 있으면 드론을 아주 당당하게 날릴 수 있게 된 것이다. 예전에는 담당자마다 혹은 날마다 되는지 안 되는지를 알아보는 데만 하루 이상 걸렸었다. 그에 비하면 이제 확실하게 서류를 보여주고 드론 촬영 허가를 받을 수 있으니 훨씬 편해진 느낌이다.

이제 이런 장소에 오면 사무실부터 들러 드론 촬영 허가부터 받고 촬영에 나선다. 사실 작년부터 법이 분명해진 것이라서 수코타이에서의 드론 촬영은 처음이었다. 땡볕에서 걸어 다니느라 고생하는 사람들을 바라보면서 흐뭇하게 그늘에 앉아 드론을 날리고 있자니 왜 신선놀음에 도낏자루 썩는지 모른다고 하는지 이해할 것 같았다.

사실 수코타이는 집에서 4시간밖에 걸리지 않는다. 태국식으로 말하자면 옆 동네 정도라서 아주 익숙하다고 할 수 있다. 마지막에 와본 건 코로나가 한창일 때였는데, 그때보다 사람이 많아서 다행이다.

SCENE

수코타이 역사공원인 왓 마하탓을 위에서 내려다보는 건 멋진 경험이었다.

태국_수코타이_수코타이 역사공원

SCENE

미장이 다 벗겨져 라테라이트만 남은 사원은
부귀영화의 허망함을 보여준다.

태국_수코타이_수코타이 역사공원

DAY 28

마지막 세금

수코타이에서 람빵으로 돌아가는 마지막 고속도로에서 과속딱지를 받았다. 과속한 건 사실이지만 여러 가지 '미스터리한' 포인트가 있다. 운전해 본 사람이라면 다들 알다시피 운전 중 가장 주의해서 확인하는 게 바로 단속 카메라인데, 본 적이 없다.

태국은 속도 단속 카메라가 있는 지점이 있고, 앞으로 몇십 킬로미터 더 가서 카메라에 촬영된 번호를 보고 돈을 내는 방식이다. 즉, 속도위반한 곳에선 사진만 촬영하고, 한참 더 가면 난데없이 검문하는 장소가 나타난다. 여기서 사진 정보를 받은 경찰이 넘버를 확인한 후 옆으로 차를 빼는 식으로 단속한다.

또 하나 신기한 건 잡혀있던 사람들이 다 한국 사람들이었다는 것이다. 다들 태국 운전면허증을 가지고 있는 걸로 봐서 교민이거나 오래 거주한 사람들임에 틀림이 없다. 한국 사람들은 도로를 보면 달리지 않으면 버틸 수 없는 민족이거나 아니면 한국 사람들만 모르는 표시가 있지 않을까 생각한다. 태국 사람들은 다 아는데, 한국 사람만 모르는 카메라 위치 같은 사인을 만들어 둔 게 아닐까. 그렇지 않고서야 교통량이 이렇게 적은 북부의 한적한 고속도로에서 한국인만 줄줄이 굴비처럼 낚여 올라오는 건 이해하기 힘든 일이니까 말이다.

물론 우연에 우연이 겹쳐서 그때 딱 그런 현상이 일어났을 수도 있다. 가는 날이 장날이라고 경찰들도 서로 보면서 이상하게 오늘은 한국인들만 잡히는 희한한 날이라고 술안주 삼을 만한 그런 사건일 수도 있다. 태국에서는 무슨 일이든 벌어질 수 있으니까 말이다.

SCENE

벌금 영수증은 이렇게 발급된다.

태국_깜팽펫_1번 고속도로

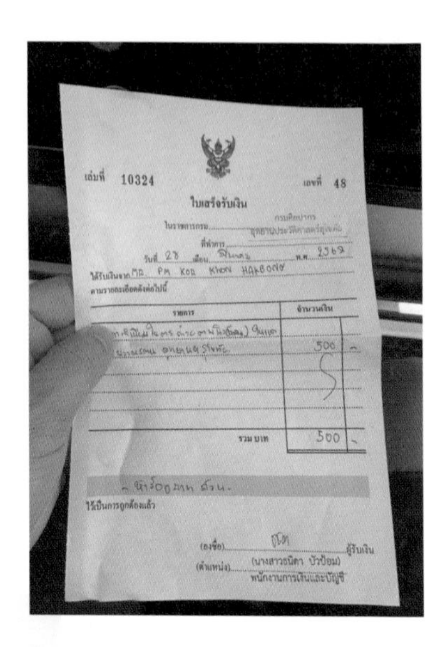

เล่มที่ 10324 เลขที่ 48

ใบเสร็จรับเงิน

ในราชการกรม กรมศิลปากร

ที่ทำการ

วันที่ 28 เดือน พ.ศ.

ได้รับเงินจาก MR.

ตามรายการละเอียดดังต่อไปนี้

รายการ	จำนวนเงิน
	500 -
รวมบาท	500 -

ได้รับเงินถูกต้องแล้ว

(ลงชื่อ) ผู้รับเงิน

(ตำแหน่ง) (นางสาวธนิดา บัวป้อม)

พนักงานการเงินและบัญชี

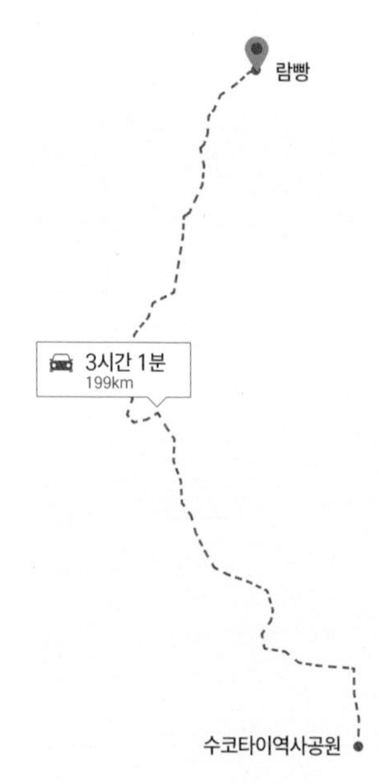

SCENE

람빵으로 가는 고속도로에서 과속보다 위험한 건 졸음운전이다.

태국_깜팽펫_1번 고속도로

DAY 28

돌아온 람빵

약 한 달간의 여정을 마치고 다시 람빵으로 복귀했다. 스튜디오가 있는 트롱프라서트로드는 여전히 황량하고, 날씨는 하루가 다르게 더워지는 듯하다. 끌고 갔던 오래된 토요타 포추너는 별다른 문제없이 마지막까지 잘 달려주었다.

람빵은 치앙마이와 치앙라이로 가는 갈림길에 있는 도시로, 북부에서 세 번째로 크다. 하지만 치앙마이나 치앙라이에 비해 특색 있는 것도 아니고, 그렇다고 예전처럼 람빵에서 하룻밤을 묵어가야 하는 것도 아니라서 외국인 관광객을 보기가 힘들다. 가끔 길가에서 걸어 다니는 사람이 있는데, 거짓말 조금 보태면 100% 관광객이다. 그게 아니라면 제정신이 아닌 위험한 사람이니까 주의하자.

여행 종지부를 찍는 의미로, 알고 지내던 한국식당 사장 형님들과 함께 거하게 회식을 했다. 형님들이 가장 좋아하는 노래방 장비를 한국에서 가지고 왔는데, 이때처럼 잘 사용한 적이 없는 것 같다. 뒷집 성질 더러운 할아버지가 조금 걱정되었지만, 뭐 우리 집도 아니니 마음 놓고 있었다. 사실 나는 음치라서 노래방에 가본 지 10년도 넘었다. 한국에 가도 노래방은 옵션에 없어서 낯설면서도 낯익은 그런 풍경이 또 새롭다.

한 달여 동안 태국을 지나 라오스 그리고 캄보디아를 돌아보았다. 이런 여행이 처음은 아니었지만, 이번에는 차량을 이용해서 한 바퀴 돌아봤다는 점이 새로웠다. 대중교통을 이용하면 항상 가는 곳만 가게 되는데, 이번에는 지나다가 들른 작은 마을들이 매우 인상적이었다.

이렇게 막 여행을 마치고 돌아왔지만, 왠지 모르게 다음 여행은 어디로 갈지 고민하게 된다. 끝까지 잘 버텨준 동행에게 감사한다. 고생 많았다.

SCENE __________

출발과 도착을 신고했던 내 스튜디오 앞의 풍경

태국_람빵_스튜디오 앞

SCENE

람빵의 상징인 시계탑 앞을 달리는 마부

태국_람빵_시계탑

부록

맛집 리스트

DAY 1 람빵

상호: mao deep
주소: 223/54 Wang Khwa Rd, Tambon Sop Tui, Mueang Lampang District, Lampang 52100, 태국

내외부 테이블에서 밴드의 라이브를 즐기며 식사나 음주를 즐길 수 있다. 람빵의 터줏대감 같은 가게로 주인은 항상 카운터 밑에 숨어 있다.

DAY 4 치앙라이

상호: The Library ChiangRai
주소: 289 Village No. 13 Mueang Chiang Rai District, Chiang Rai 57000, 태국

현지 젊은이들이 많고, 밴드 공연도 훌륭하다. 도서관 같은 인테리어는 대학생들의 마음을 편안하게 해주는 듯하다.

DAY 5 치앙콩

상호: Tom Yum Chiang Khong Restaurant
주소: Vieng Thai 474 Chiang Khong District, Chiang Rai 57140, 태국

메콩강을 한눈에 담을 수 있는 좌석이 마련돼 있다. 별다른 특색이 없는 듯한 게 매우 태국스러운 로컬식당이다.

DAY 7 무앙씽

상호: Baiteuy Restaurant
주소: 54QX+QVW, Muang Sing, 라오스

태국의 '무까타'를 라오스에서는 '신닷'이라고 부른다. 이 신닷이 대표 메뉴다. 쓰레기는 가차 없이 바닥에 버리자. 흡연도 자유로운 식당이다.

DAY 9 퐁살리

상호: Faenmai Food and Drink
주소: M4J2+H8C, Unnamed Road, Pongsali, 라오스

낮에는 식사를, 밤에는 음주를 즐기기 좋다. 연못 옆에 있어서 낮에는 눈이 즐겁고, 밤에는 서늘하다.

DAY 11 무앙싸이

상호: PTC(나이트 마켓 PTC)
주소: MXPQ+W6, Muang Xai, 라오스

규모는 작지만 여러 먹거리가 즐비하다. 입구 근처의 족발밥이 특히 별미다.

DAY 12 루앙프라방

상호: Sejong house restaurant
주소: V4VP+6F2, Luang Prabang, 라오스

한식집으로 대표 메뉴는 삼겹살, 된장찌개, 김치찌개가 함께 나오는 세트 메뉴다. 고기를 구워서 내주기 때문에 더운 열기는 걱정하지 않아도 된다.

DAY 12 루앙프라방

상호: 루앙프라방 야시장(몽족 야시장)
주소: V4QM+XFV, 16 Chaofa Ngum Rd, Luang Prabang, 라오스

깔끔함이 돋보이는 야시장으로 여러 가지 음식이 있어 기호에 맞게 골라 먹기 좋다. 더운 3~5월 사이에 방문한다면 진정한 열대야를 깨달을 수 있다.

DAY 15 콘깬

상호: king cobra bistro
주소: 348/13, Pa Cha Sam Lan, Nai Mueang, Khon Kaen 40000, 태국

태국인과 결혼한 외국인이 최근에 운영을 시작했다. '비스트로'라는 이름과는 달리 간단한 수제 햄버거나 스낵, 그리고 태국 요리가 있다. 서양 아저씨 손님들이 맥주 한 잔 걸치는 식당이다. 우리가 방문했을 때는 새 주인에 새 이름이라 검색이 되지 않았다.

DAY 16 우본랏차타니

상호: Country Bar
주소: Unnamed Road, Khan Rai, Sirindhorn District, Ubon Ratchathani 34350, 태국

라이브 밴드, 친절한 직원들, 훌륭한 음식을 동시에 만끽할 수 있다. 반경 10km 내로 가장 핫한 바라고 할 수 있다. 말 그대로 태국 시골 분위기가 물씬 풍긴다.

DAY 20 씨엠립

상호: Amazon Angkor Restaurant
주소: Phum Kruos, Khum Svay Dangkum, just off National RoadN6, Krong Siem Reap, 캄보디아

뷔페식 레스토랑으로 크메르족의 전통춤인 압사라 춤 공연이 펼쳐진다. 비슷한 형식의 식당이 씨엠립에 몇 군데 더 있는데, 음식은 여기가 가장 잘 나오는 것 같다.

DAY 21 뜨랏

상호: Ban Somkhanay
주소: No. Wang Krachae, Mueang Trat District, Trat 23000, 태국

지역 유명 밴드의 공연이 열린다. 현지인들과 어울리면 음악과 음주를 즐기기 좋다. 살짝 나이가 있는 손님이 주류라서 그런지 태국 음식 수준이 상당했다.

DAY 22 꺼창

상호: 꺼창 라군 리조트
주소: 7/5 Village No.4, Hat Sai Khao RoadKo Chang, Ko Chang District, Trat 23170, 태국

리조트 안에 화이트 샌드 비치를 조망할 수 있는 음식점이 있다. 멍때리기 좋다. 종업원이 보이지 않는다면 안에서 자고 있을 확률이 높으니 기웃거려 보자.

DAY 22 꺼창

상호: Beach Tango Restaurant & Bar
주소: 8 SangArun Bungalow WhiteSandBeach 5, Ko Chang District, Trat 23170, 태국

화이트 샌드 비치에 마련된 음식점. 밤이면 앉은 자리에서 불 쇼를 감상할 수 있다.
주변에 비슷한 식당이 즐비한데, 화장실이 가까운 것이 큰 장점이다.

DAY22 꺼창

상호: Toy's Bar
주소: 472F+3XX, Ko Chang, Ko Chang District, Trat 23170, 태국

코창에서 늦게까지 영업하는 펍으로 서양인이 대부분이다. 포켓볼을 즐기며 맥주를 마시기 좋다.

DAY 24 방콕

상호: 북경 중식당
주소: 19 34 Sukhumvit Rd, Khlong Toei Nuea, Watthana, Bangkok 10110, 태국

한국인이 운영하는 중국집으로, 삼선짬뽕은 한국 현지에서 먹는 맛 그대로다. 꽤 오래된 곳이라 시간 날 때마다 들른다.